U0890503

顾　涵　主编

工程伦理与管理决策简明教程

江苏大学出版社
JIANGSU UNIVERSITY PRESS
镇　江

图书在版编目(CIP)数据

工程伦理与管理决策简明教程 / 顾涵主编. — 镇江：江苏大学出版社，2020.10
ISBN 978-7-5684-1363-3

Ⅰ. ①工… Ⅱ. ①顾… Ⅲ. ①工程技术—技术伦理学—教材②工程管理—管理决策—教材 Ⅳ. ①B82-057 ②F40

中国版本图书馆 CIP 数据核字(2020)第 082831 号

内容简介

本教程共六章，主要内容有工程伦理与管理决策概述、工程中的责任、工程师的职业道德和责任、工程中的诚信与伦理、管理决策、经典案例。内容系统，注重理论联系实际，吸收前沿知识，主要运用案例分析方法进行理论分析。案例丰富，引导学生结合案例进行研究性学习，既有理论分析，又有实践体验，对学生具有较强的指导作用。

本教程内容新颖，难易适中，案例丰富，实用性强，可作为本科院校电子信息类、机械类、计算机类等理工科专业的相关课程教材，也可以作为工程技术人员的参考书。

工程伦理与管理决策简明教程
Gongcheng Lunli Yu Guanli Juece Jianming Jiaocheng

主　　编/顾　涵
责任编辑/张小琴
出版发行/江苏大学出版社
地　　址/江苏省镇江市梦溪园巷 30 号(邮编：212003)
电　　话/0511-84446464(传真)
网　　址/http://press.ujs.edu.cn
排　　版/镇江市江东印刷有限责任公司
印　　刷/江苏凤凰数码印务有限公司
开　　本/710 mm×1 000 mm　1/16
印　　张/8.5
字　　数/206 千字
版　　次/2020 年 10 月第 1 版　2020 年 10 月第 1 次印刷
书　　号/ISBN 978-7-5684-1363-3
定　　价/32.00 元

前　言

早在20世纪70年代，美国的工程伦理与管理学就伴随着经济理论学和企业伦理学产生，经过数十年的发展，已经形成比较健全的学科体系。在美国，“工程伦理与管理”是大学中普遍开设的一门课程。一所院校的工程学学科必须将工程伦理与管理纳入整个工程学教育规划之中，才能通过工程及技术教育认证委员会的认证。美国职业工程师执照的考试中也包含工程伦理与管理的内容。其他国家如德国、日本等也在工程伦理与管理学的研究方面取得了显著的成果。我国大陆地区最早开设相关课程的是北京科技大学，开设时间是1999年。随后，西南交通大学于2000年开设选修课。现在，越来越多的高校在相关专业开设了此课程。但一个现实问题也摆在了我们面前，即工程伦理与管理学的教材与其他学科相比数量较少，可选择性不强。

2016年6月2日，在吉隆坡召开的国际工程联盟大会上，中国成为国际本科工程学位互认协议《华盛顿协议》的正式会员。工程教育专业认证不仅是国际通行的工程教育人才培养质量评价体系，也是实现工程教育国际互认和工程师资格国际互认的重要途径。在工程教育专业认证标准下，毕业生所具备的能力可以分为技术因素能力和非技术因素能力两类，毕业要求中涉及毕业生应达成的非技术因素能力要求有4条。因此，对于学生非技术因素能力的培养也是教学环节中不可缺少的一部分。

为了更好地适应经济发展的要求，加强高等院校理工科专业学生的素质教育，推进工程教育专业认证，促进工程建设的良性发展，编者编写了《工程伦理与管理决策简明教程》一书，旨在让学生掌握基本的工程伦理与管理学知识。

本教程共六章，主要内容有工程伦理与管理决策概述、工程中的责任、工程师的职业道德和责任、工程中的诚信与伦理、管理决策、经典案例。内容系统，注重理论联系实际，吸收前沿知识，主要运用案例分析方法进行理论分析。案例丰富，引导学生结合案例进行研究性学习，既有理论分析，又有实践体验，对学生具有较强的指导作用。

本教程第一至五章由顾涵、张晓琛编写，第六章由张惠国、夏金威编写，全书由顾涵进行统稿。

本教程在编写过程中参考了大量国内外专家学者的著作、文献和网络资源，在正文中未能一一列举，在此致以衷心的感谢；江苏大学出版社的编辑为本书的出版付出了辛勤劳动，在此一并致谢。

由于编者水平所限，加之时间仓促，同时知识更新很快，书中内容难免有错误和不妥之处，敬请广大读者和专家批评指正，您的建议和意见是对我们最大的鼓励和支持。

编　者

2020 年 9 月 17 日

目　录

第一章　工程伦理与管理决策概述

工程教育专业认证不仅是国际通行的工程教育人才培养质量评价体系，也是实现工程教育国际互认和工程师资格国际互认的重要途径。本章主要介绍伦理学、工程伦理学及管理决策的基本概念、发展历史、主要内容和特征。

第一节　伦理学综述

案例导读

"道德"的多版本解读①

道德是什么，似乎是一个不证自明的问题。第二次世界大战后，尤其是最近十几年进入知识经济时代以来，人们对人性、道德及其起源的研究有了一系列的突破，道德的定义出现了多种解释，从而对重构道德体系提出了新的要求。

道德与基因

道德历来被列入意识形态范畴，但随着现代科技的发展，这一课题逐渐成为科研的内容，并从数个研究角度得到一系列重大突破。

1953 年，DNA 双螺旋结构被发现，此后科学家发现基因从根本上决定了包括人类在内的所有生物的主要特征。基因与道德的形成关系密切。2005 年公布的一项由加拿大西安大略大学心理学者菲利普·拉斯顿领导的对同卵双胞胎的研究表明，基因对道德的决定作用占 42%，而后天环境的决定作用占 58%。尽管人们对这一成果仍有争论，但先

① 资料来源：姜岩．"道德"的多版本解读［N］．中国教育报，2009－05－25，04 版．

天因素与后天因素共同对道德的形成发挥作用越来越得到认可。

除了从基因角度研究道德以外，一些科学家还从进化角度研究了人类道德的起源。其中，引人关注的是当代英国著名生物生态学家梅纳德·史密斯于1982年创立的生物进化稳定策略（evolutionarily stable strategy)，认为生物种群的大部分成员都采用某种策略，而这种策略又优于其他策略，这就是生物进化的稳定策略。对于人类而言，这种稳定策略就是道德的基础，即道德是有利于人类进化的策略的具体体现。

由此，我们可以对道德做出新的定义：道德是人类有利于个体、群体和全人类，以及环境的现在和将来利益的规范的总和。

道德与本能

对道德的研究离不开对人类本能的研究。有研究表明，本能有着更深层次的生理和化学机理。本能的实现会使人产生快乐感，被阻止则会使人产生痛苦感。20世纪80年代，一种被称为“快乐物质”的多巴胺被发现。为此，2000年的诺贝尔生理学或医学奖授予了发现和研究这种“快乐物质”的三位科学家。

多巴胺是下丘脑和脑垂体腺中的一种关键神经递质，它直接影响人们的情绪，通常这种物质含量增加人们就会感到兴奋。科学家发现，人们能想到的各种快乐，不管是食物、性爱、音乐还是鸦片引起的快乐，都是“多巴胺系统”活跃的结果。人们在享受快乐的时候，整个神经回路都会出现大量的多巴胺；当人们期待快乐而大脑又没有分泌足够的多巴胺时，就会产生痛苦感。研究发现，人们的很多不良行为都与多巴胺有关。2008年1月，美国研究人员在《精神病药理学》发表的论文中提到，攻击行为也会刺激分泌多巴胺，使人产生快感，这就是世界上有那么多暴力行为的一个重要原因。另外，近年来随着网络普及而产生的网瘾与毒瘾，也都是多巴胺惹的祸。

生理学和化学深刻揭开人类的本能之谜，必将为道德研究和修正提供充足的科学依据。

经济人与道德健康

“经济人假设”的原则是“主观为自己，客观为别人”，即社会上不存在纯粹的利他行为，所有个体都从自身效用最大化方面选择行为方式。按照通常的理解，“经济人”似乎是不讲道德的人。

在“主观为自己，客观为别人”的原则指导下，个体之间会形成共同利益。生物界普遍存在着为群体利益而牺牲自身利益的本能，很多情况下，个体在采取利他行为时也会产生快感。同样，如果个体采取过于不道德的行为，会产生痛苦的感觉。研究发现，道德感强的人心态良好，能促进人体内分泌更多有益的物质，甚至会出现生理变化，使人体处于更好的状态，增强机体的抗病力，促进人们健康长寿。而违反道德的人常常会出现紧张、恐惧、内疚等心态，从而引起神经系统和内分泌系统的紊乱，损害机体健康。因此，近年来国际上出现了“道德健康”的概念。道德健康的标准是：健康者不以损害他人的利益来满足自己的需要，具有辨别真伪、善恶、美丑、荣辱的能力，能按照社会行为的规范准则来约束及支配自己的思想和行为。

这些发现表明，个体很可能是利己与利他的混合体。当然，利己和利他成分的比例应当是多少才对个体和群体最有利，是建立道德体系需要研究的重要课题。

道德也会遗传

美国威斯康星大学理查德·戴维森博士的研究显示，一个人如果每天花半小时安静地思考一些愉快而美好的事情，并且心生怜悯，他的大脑会在两个星期内发生明显变化。

另据英国路透社报道，美国印第安纳大学医学院温森特·马修斯博士领导的一项研究发现，青少年玩暴力电子游戏后，其大脑中与情绪激发有关的区域活动增加，而负责自我控制区域的反应则会降低，久而久之可能改变大脑的功能。

基于这些发现，可以推测道德会通过行为模式来改变大脑，久而久之可能成为一种遗传因素而被“写”或“选”入人类基因库。因此，加强道德建设是完全必要的，良好的道德体系是我们给子孙后代留下的宝贵财富。

上述案例指出，第二次世界大战后，随着现代科技的发展和知识经济时代的来临，人们对人性、道德及其起源的研究有了一系列的突破，道德的定义出现了多种解释，从而对重构道德体系提出了新的要求。同理，伦理学研究也需要与时俱进。

中华人民共和国成立至今，中国社会经历了重大的发展变化，回顾伦理学在这 70 多年中的发展历史，展望它未来的发展趋向，对伦理学的发展无疑具有重要的意义。特别是改革开放 40 多年来，我们在建立社会主义市场经济体制的同时，努力建设与之相适应的社会主义道德体系，主要包括：① 道德建设的科学定位，对中国社会现实进行准确分析；② 道德建设的战略创新，以德治国方略、实施公民道德建设纲要、树立社会主义荣辱观、把道德建设融入社会主义核心价值体系；③ 道德建设的最新成果，如抗震救灾精神、奥运精神和新冠抗疫精神。

我国伦理学理论坚持在思想解放中前行。它既构成改革开放伟大实践的理论表达，又通过一系列理论探索为改革开放提供积极的思想支持；既是中国伦理学复兴的中继环节，又是新中国伦理学理论走向繁荣发展的开端。

一、伦理学理论演进的阶段与范式①

中国伦理学自身的理论范式经历过多重转变，这一部分内容围绕我国伦理学发展的问题提出了三个不同阶段的观点：

一阶段说（改革开放至今）。该观点认为，中华人民共和国成立后的30 年里，由于受当时社会因素和政治因素等方面的影响，我国并没有真正的伦理学研究，只有道德建设。直至改革开放后，我国伦理学的阶段研究才正式开始。

二阶段说（改革开放前后两个阶段）。该观点认为，中华人民共和国成立至今的70 年里，前30 年是以阶级斗争为纲的伦理，伦理学界对无产阶级的道德原则、道德的继承性和阶级性、道德的起源和社会作用等问题进行了深入探索；同时，这30 年也是共产主义道德教育大发展的阶段，为人民服务、“五爱” 深入人心，共产主义道德成为人们的精神支柱，集体主义成为最有影响力的道德原则，为中国伦理学学科的建立奠定了基础。后40 年是公民社会的阶段，道德遗产批判继承问题正本清源，社会主义道德规范体系基本确立，出现了一批伦理学的新成果，伦理学研究从封闭走向开放，伦理观从大一统走向多元化，研究方法从单一的哲学方法走向唯物史观、阶级分析、归纳演绎等多种方法的运用，伦理学研究从书斋走向生活，从课堂走向社会。这一时期又可以具体分为三个阶段：启蒙阶段、世俗化阶段和社会化阶段。

三阶段说。该观点认为，中华人民共和国成立至改革开放前是中国伦理学的萌芽期，该阶段伦理学研究受到压抑，话语权较弱；改革开放至社会主义市场经济体制的确立是第二阶段，该阶段伦理学研究得以恢复，马克思主义伦理学体系基本形成；建设社会主义市场经济以来是第三阶段，即伦理学的发展期，伦理学研究迈上新征程：在研究队伍、研究领域、研究主题、方法和能力等方面出现了空前未有的繁荣景象。

① 资料来源：高兆明. 伦理学理论发展30 年［N］. 光明日报，2009 - 01 - 13，11 版.

20 世纪 80 年代初开始的“社会主义人道主义”理论讨论，提出了人的生命尊严、人道、人权等一系列伦理学理论问题，使社会主义道德文化开始了新的发展历程。

20 世纪 90 年代，随着社会主义市场经济的深入发展，伦理学理论视野被拉回到日常生活，并聚焦于以社会主义市场经济为核心的世俗生活。伦理学理论思考坚持从现实生活、人民福祉出发。道德与经济、义与利关系的大讨论，为市场经济正名，为正当权益正名，为道德革新正名，构成这一时期伦理学理论空前繁荣的景象。伦理学理论的这种世俗化转向，既是日常世俗生活在伦理学理论层面的反映，亦是日常道德生活世俗化寻求理论辩护的要求；既是改革开放过程中市场经济建设实践推动伦理学理论前行的标志，又是伦理学理论面向社会日常生活、建立与现代化建设相适应的理论体系的标志。

20 世纪末以来，中国伦理学理论的发展进入社会化阶段，其突出表现就是应用伦理学的勃兴。应用伦理学的勃兴表明中国伦理学理论进一步面向社会生活，深入各个领域的特殊伦理关系，思考与回答各种具体问题，力图发挥伦理学理论指导与引领日常生活的功用。在这个过程中，社会公平正义的道德要求逐渐占据显著位置。

与上述发展三个阶段相对应，中国伦理学自身的理论范式亦经历了从政治化的革命伦理学理论范式，到为社会主义市场经济建设服务的世俗伦理学理论范式，再到探寻和谐社会建设的社会伦理学理论范式的转变。

中国伦理学 40 年来的理论发展，是在改革开放的推动下前行的。改革开放使最初对现实做简单的政治论证、以政治要求代替学说思想的伦理学理论，逐步转向适应现实的伦理道德问题研究，并在这种研究中逐渐深入基础理论。中国伦理学理论的发展历程表明：理论是灰色的，生活之树常青；中国伦理学理论只有植根于生活、解放思想、求实创新，才能成为时代精神的中国式表达，才会有持久的生命力。

二、当代我国伦理学研究的主题与争鸣

改革开放 40 多年来，伦理学基本问题形成了 9 种主要观点：道德和利益的关系；善与恶的矛盾及其关系；道德与社会历史条件的关系；应有与实有的关系；伦理与利益的关系；道德规范与意志自由的关系；道德观问题（道与德、义与利、群与己）；人的发展；个体对他人和社会应尽的义务。

尽管中国伦理学新论纷呈、气象万千，但是，现代化进程中的现代性道德观念与伦理秩序却是贯穿始终的主题。这个主题有两个方面：当代中国应

当确立起何种道德观念与伦理秩序？如何确立这种观念和秩序？前者是关于现代道德价值内容的问题，后者则是关于道德建设实践路径与方法的问题。

（一）当代中国应当确立起何种道德观念与伦理秩序？

这是中国伦理学理论40多年争论的基本主题，而隐藏在这个主题背后的是“现代性道德的基础究竟是什么”这一更为深刻的问题。与社会主义现代化建设相适应的新的道德观念与伦理秩序应以什么为基础？公民权利是否能够成为这种新道德观念与伦理秩序的基础？

伦理学理论在不同发展阶段曾就集体主义、义利关系、公平正义等一系列问题有过激烈的思想争论，也曾就道德“滑坡”或“爬坡”“潘晓事件”“张华事件”等诸多社会现象有过热烈的理论讨论。这些内容丰富、看似繁杂的思想论争，实际上一直围绕着一个焦点，即个人权利义务关系问题：如何看待个人权利的价值？如何认识道德义务的合理性根据？与社会主义现代化建设相适应的新道德与旧道德的根本区别何在？

1. 关于集体主义与个人的权利与价值

如何看待集体主义与个人权利价值的关系？这种理论争论在伦理学理论范围内，主要是围绕着集体与个人关系展开，其核心是是否承认个人及其权利。纵观40多年来的相关理论之争可以发现，争论者均不否定民族、国家、社会利益的重要性，均承认个人有义务在必要时为民族、国家、社会利益做出牺牲。其争论的关键在于：是否承认个人权利与利益？在现代社会中，个人价值、个性独立、个体权益是否具有基础性意义？道德义务的合理性根据何在？经过反思，伦理学界逐渐形成共识：个人权利、个体价值对于中国社会主义现代化具有重要意义；社会主义道德当然要讲集体主义，要讲义务，但只要不陷入抽象的义务论，不回避现代社会和中国社会现阶段的特点，就不会离开权利讲义务，或者只把义务当作前提。

2. 关于义利关系

义利关系问题一直是伦理学理论的重要论题之一。随着社会主义市场经济的深入发展，社会主义市场经济建设所带来的人民群众日常生活条件空前改善，我们的道德理论逐渐在总体上认可了个人权益的正当性与合理性，并明确提出反对极端个人主义，逐渐确立起与社会主义市场经济建设相适应的义利统一观，认为人民幸福、国家富强之大利即是大义，应当以义取利。

与此同时，针对社会上出现的一切向钱看、唯利是图、坑蒙诈骗等现象，伦理学界也做出了积极回应，并一度形成一些有影响的理论倾向。这些理论倾向秉持伦理学理论的道德操守，以其特殊方式强烈批判社会道德堕落现象，在一定程度上突破了长期形成的义利对立的思想方法，强调了社会主义市场经济条件下的义利统一观。这些都值得充分肯定。然而，在上述思想理论的发展过程中也存在着令人担忧之处，如：不把经济关系视为道德生活的基础，以为人的尊严、自由全面发展和道德品质可以脱离经济生活方式而存在，以为对道德可以做纯粹工具性理解，以为个体善可以无须以社会善为条件。对于这些思想倾向在实践与理论上可能引起的某种混乱，我们的道德学说似乎还缺少足够的理论警惕。

3. 关于公平正义

直到20世纪90年代初，伦理学理论对公平正义问题还持冷漠或片面的态度，以至于在教学理论体系中缺失公平正义这种基本的伦理原则和道德规范。改革开放使社会生活的主题发生了转变，进而使人们对公平正义有了新的觉醒和较为全面的理解，因此，伦理学理论视野就在实践层面上被逐渐引向公平正义问题。而20世纪80年代末罗尔斯正义论思想被介绍进来，使公平正义问题作为一种理论时尚再度凸显。

中国伦理学近年来关于公平正义问题的理论成就，与其说是回答了问题，毋宁说是提出了问题。例如，在当代中国语境下，社会公平正义问题的现实内容究竟是什么？如何实现社会的公平正义？等等。这一系列问题与追问，事实上就将公平正义这一世界前沿性的一般政治哲学论题，转化成为具有强烈中国特色的理论问题。改革开放中的社会权利义务关系问题，是当代中国语境下社会公平正义问题的现实内容。尽管理论对“谁之正义？何种公平？”以及何以实现公平正义、何以构建起长治久安的现代化和谐社会等问题的探讨，还只是初始的，有待进一步深入不同群体的权利义务关系，深入社会生活各领域的具体过程，深入诸如公共理性、政党伦理、制度伦理等问题进行深刻分析，但是理论思维毕竟已经迈出了关键的第一步。

（二）如何确立现代性道德观念和伦理秩序？

如何加强道德建设，确立起现代性道德观念与伦理秩序，使中华民族的道德文化以崭新的面貌屹立于世？这是中国伦理学理论的焦点之一。40多年来，中国伦理学在社会主义精神文明建设、以德治国、公民道德建设、树立社会主义荣辱观、确立社会主义核心价值体系和社会主义和谐社会建设等社会实践活动中发挥了重要作用。就理论层面而言，中国伦理学所做的工作主要集中于两个方面：道德建设的基本内容和道德建设的基本方法与路径。

1. 道德建设的基本内容

道德建设是塑造公民基本道德素质的工作，道德之根只有深入社会现实生活，才会具有真实而持久的生命力。道德建设中现代性价值精神与传统道德文化资源的双重维度，使中国伦理学理论必然再次正视中西古今问题。尽管中西古今之争在中国已有百年，但是，改革开放使得这种理论争论不仅有了更加明晰的历史背景，而且使得老问题有了新意境。如果我们在道德文化的意义上认识伦理学理论中的古今中西之辨，那么隐含其中的中华民族在社会主义现代化进程中，应当确立起何种道德价值精神、应当具有何种道德文化的问题，就不难达成对道德文化发展基本路径的共识。

尽管我们过去在一般意义上确立起了“古为今用，洋为中用”的古今结合、中西结合方向，但是这种理解主要还是立足于价值载体这一外在维度，而不是人类文明演进中不同价值体系的内在关系维度，因而并没有真正解决问题。生活世界的变革，迫使中国伦理学理论在当代中国道德文化的现实内容及其现代性转化的高度上重新认识问题。我们在现代化进程中所确立起的道德文化及其价值精神，应当是现代性的，应当既是民族的又是世界的。

道德建设中如何对待民族道德文化资源？这始终是中国伦理学理论的焦点之一。40 多年的理论和实践历程告诉我们：我们确实应当学习人类的一切先进文化，但是不能割断自己的历史与文化。我们既不能夜郎自大，又不能妄自菲薄，不能从一个极端跳到另一个极端。中华民族有着丰富的道德文化资源，它们应当在现代化进程中获得新生。中国传统道德文化中的瑰宝，只有打破其传统价值体系的坚硬外壳，才能在新的现代性的道德文化价值体系中大放光彩。

2. 道德建设的基本方法与路径

40 多年来，中国伦理学一直在努力寻找提高公民道德水准、改善社会道德风尚的有效途径。令人欣喜的是，越来越多的人认识到：知识不等于美德，道德教育不是知识灌输，而是生活养成；制度不仅有行为规范功能，更有道德价值引导作用；德行不仅是美好的，也应是有用的；道德建设要靠日常生活中持之以恒的熏陶，要在日常生活中深入发掘和大力弘扬优秀道德传统；道德建设也应讲科学，应尊重风尚演变的客观规律，“谨乎其外以养乎其内，寻乎其末以渐及其本”，且道简方可易行。

三、我国伦理学研究的使命与展望

21 世纪的伦理学是多元竞争的伦理学，是对话商谈的伦理学，也是反思、批判现实生活和谋求道德共识的伦理学。同时，它还是坚持运用理性但放弃了理性独断论和真理统一论的伦理学，是论证社会秩序一体化的伦理学，是谋求一般道德原则和个人美德之融合的伦理学，更是兼顾正义、权利和关爱的伦理学。伦理学应该立足于历史的逻辑和思想的逻辑，透视现代道德问题，着眼于人类如何实现由传统社会的行动者到现代社会的行动本身的转变；这一路径也可称为由美德伦理向规范伦理的现代转向。应用伦理学以解决当代社会出现的道德难题为己任，而道德难题的核心是道德判断的困难，要走出道德判断的困境，就需要借助某种更高级的道德思维形式，即道德推理。典型意义的三种道德推理形式为：演绎的道德推理、类比的道德推理和辩证的道德推理。

伟大的时代、丰富的生活、深刻的变革，应当有充满活力的伦理学理论。中国伦理学应当为中华民族现代化建设做出应有的贡献。自 20 世纪末以来，伦理学在中国已日益成为一门显学。哲学、社会科学及其他各门学科均以各自的方式提出与讨论相关的伦理道德问题，参与到伦理学理论发展中来。时代要求伦理学理论能够为社会实践、为其他各门人文社会科学提供更多的思想理论支持。

（一）伦理学理论工作者的职责使命

（1）进一步在解放思想中追求真理。中国伦理学理论 40 多年所走过的历程表明，解放思想、学术争鸣，是中国伦理学理论发展的内在动力。没有思想解放和学术理论争鸣，就没有中国 40 多年来的伦理学理论发展。过去如此，将来亦如此。伦理学理论进一步解放思想，就是要坚持一切从生活现实出发，而不是从本本出发，在面向生活、面向实践的同时，加强理论思维；就是要坚持百花齐放、百家争鸣的学术方针，倡导学术个性，鼓励在理论争鸣中独立思考和善于批判，形成不同的学派，使伦理学理论不断获得新的生机与活力。

（2）秉持良知操守，做时代精神的表达者。伦理学学科不仅仅是知识体系，更是实践理性精神的自觉表达。伦理学理论工作者真正要有所成就，没有社会良知与道义精神是不可想象的。在当代中国，如果没有对人民、民族的深深眷念与热爱，没有对中华民族社会主义现代化建设的真挚情感，没有对民族、国家未来的关切，没有起码的社会责任感、使命感、是非感和正义感，就不会有富有个性的有生命力的理论。我们应当以对民族、历史、学术负责的精神从事伦理学理论研究，努力成为时代精神的表达者。伦理学理论工作者的社会良知与道义担当，要通过严肃的理论思维方式呈现。伦理学理论的价值分析、道义批判，不是断言的，而是说理的。这种说理必须建立在自我反思、自我批判的基础之上。

（3）直面生活，服务时代，兼容并蓄，严谨治学。这是伦理学理论工作者社会良知与道义担当的内在要求。浮躁学风与功利心态下的投机取巧与急功近利，不可能使学术本身有所发展。我们需要借鉴国外优秀的研究成果，充分挖掘与借鉴传统的优秀思想资源，但是必须警惕文化虚无主义和文化复古主义，必须坚持文化的主体性，必须警惕生搬硬套，必须注意不同语境下的问题差别及理论解释的有效性。我们需要理论创新，但是，这种理论创新必须是扎根生活、言之有物、言之有理的，而不是闭门造车、玩弄概念、哗众取宠的。我们需要有更多伦理学理论的应用研究，但是，这种研究应当是勇于探索与回答现实生活中重大紧迫的实践和理论问题的。我们要以马克思主义为指导，这种指导应当是建立在对马克思主义经典著作的认真研读、深刻领会、融会贯通的基础之上，而不能不求甚解、断章取义，将马克思主义作为一种公式、标签。

（二）伦理学理论展望

在总结、分析的基础之上汲取古今中外各种道德文化精华，创造出适合新时代的新道德文化及其思想理论体系，是处于社会转型期的中国伦理学理论的基本任务。为此，下列伦理学理论研究工作的重要性和紧迫性会进一步凸显：

1. 伦理学基础理论研究

中国伦理学基础理论在总体上仍然较为薄弱，既有的伦理学理论对现实缺乏足够的解释力与指导性，应用伦理学尽管繁荣却难以深入，这种尴尬状况表明伦理学理论发展正处于一个瓶颈期。社会需要与学科发展已经历史性地提出了伦理学基础理论应有较大突破的任务。我们应当重视和加强基础理论方面的研究，努力以马克思主义为指导，形成当代中国人自己的伦理学理论体系，使之成为一门道德科学。

基础理论发展在很大程度上取决于元伦理学的研究状况。相对而言，我们对元伦理学还缺少应有的重视。这种状况直接制约了整个中国伦理学理论的发展。我们应当注重伦理学基本概念范畴的研究，注意从规范伦理学、美德伦理学及应用伦理学中发现与提出元伦理学的问题，并以元伦理学研究推进这些具体方面研究的深入。伦理学基础理论研究既需要哲学的思辨分析，亦需要来自道德心理学、道德行为学和道德社会学方面的实证支持。

我们在大量介绍国外最新研究成果的同时，要注意仔细鉴别取舍、消化吸收；要深入思想史与日常道德生活两个层面，仔细梳理、传承中华道德文明；尤其要注意对丰富的传统道德目的进行现代性诠释，寻求中华民族传统道德文化现代性转化的有效途径。

2. 社会伦理研究

在当代伦理学理论发展中，社会伦理关系及其秩序问题越来越占据核心地位，以权利义务关系为内容的社会正义问题处于显著位置。现代高技术的广泛应用、全球化、多元化、市场经济及社会转型，使我们的日常生活方式发生了根本变化。这就要求我们以科学的态度，仔细研究既有的伦理关系及其秩序发生了哪些重大变化，这些变化对权利义务关系、对道德价值观念会引起哪些重大影响。

3. 道德建设研究

法治社会的道德建设问题始终是伦理学理论研究的中心之一。与此同时，以下两个问题会越来越突出：

其一，个体道德与社会风尚及其关系研究。道德建设要落到实处，就不能不重视个体道德与社会风尚问题。道德建设只有遵循规律才能行之有效。道德建设要抓住知荣知耻之“治教大端”，健全心性，移风易俗。道德建设是要努力创造出一种社会氛围，使个人养成良好的道德品性和行为习惯，使社会形成良好的文明风尚。有教养的个人行为习惯和文明的社会风尚，是道德建设的落脚点。我们要重视人的“第二天性”形成和道德行为习惯养成的机制问题，要重视道德建设中的制度性安排和活动的有效性问题，要重视坚持不懈、持之以恒，把适时、适当组织的活动与长期、坚毅的锻炼结合起来的问题。

其二，终极性关怀、精神家园建设研究。一方面，如何在道德生活世俗化过程中，避免实用主义文化泛滥，避免终极性价值关怀和精神家园的失落？如何使中华民族道德文化既反映以市场经济建设为标志的世俗化历史进程，又在世俗化过程中拥有理想与终极性价值关怀，并使之成为中华民族共同精神家园的价值支撑？这是中国伦理学理论在相当长时间内无法回避的问题。另一方面，现代性社会，尤其是处于转型期的社会，是一个充满不确定性与风险性的社会。我们要重视理想、使命和立志的研究，同时要关注人们因焦虑与孤独而寻求精神家园的现象，重视对道德信仰、宗教精神等现象的研究。

4. 应用伦理学研究的“顶天立地”

应用伦理学依然会是伦理学理论中极具活力、极富前途的方面。现代高技术及其应用、全球化交往、生态环境资源问题等，都会为中国伦理学理论发展带来新的内容。应用伦理学的进一步发展有赖于其进一步“顶天立地”：一方面，通过日常生活发现与提出重大伦理道德问题，上升到伦理学基础理论层面深入思考，并借此促进伦理学基础理论的进步；另一方面，深入具体实践领域的具体实践过程及其机制，在具体语境下找到对具体问题有针对性的有效回答。我们的理论应为社会提供简明生动的思想观念，使伦理学不仅是一种知识体系，更是一种维护人道、实践正义的实践智慧。

我们相信，伴随着社会主义现代化建设的进一步深入发展，伴随着进一步解放思想，在良知、道义与严谨学术态度之下，中国伦理学理论一定会迎来一个更加繁荣的时期，一定会无愧于我们伟大的民族和时代。

第二节　工程伦理学综述

案例导读

耐克等品牌供应商向中国江河排放激素类物质①

国际环保组织绿色和平经过一年多的采样调查后，于2011年7月发布了最新调查报告《时尚之毒——全球服装品牌的中国水污染调查》。报告指出，耐克、阿迪达斯、李宁等多家国际国内知名服装品牌在中国的两家供应商排放的工业废水中，含有能够干扰内分泌并影响生殖系统的环境激素类物质。绿色和平要求这些品牌立即承诺淘汰和消除其供应链中使用和排放的有毒有害物质。

“在倡导健康理念的同时，耐克、阿迪达斯、李宁等知名运动品牌却正与污染者同流合污。”绿色和平污染防治项目主任李一方说，“在光鲜的另一端是这些供应商的排污管，排污管将对人体和环境有害的化学物质排入中国的江河。”

自去年春天起，绿色和平曾数次对位于宁波的雅戈尔纺织工业城和位于中山的中山国泰染整有限公司所排的废水进行取样，并将样本分别送至英国埃克塞特大学的绿色和平研究实验室以及荷兰 Omegam 独立环

① 资料来源：任明. 耐克等品牌供应商向中国江河排放激素类物质［N］. 德阳晚报，2011-07-19，7版.

境分析实验室进行检测。结果发现，废水中的主要有毒有害物质为壬基酚（NP）、全氟辛烷磺酸（PFOS）和全氟辛酸（PFOA）。这些物质干扰生物的内分泌，对生殖系统具有毒性，并对免疫系统和肝脏有影响。研究表明，这些物质即使含量很少，也极具危害性。

欧盟、美国及相关国际公约均已对这些有毒有害物质进行了管制。中国政府也于2011年1月将壬基酚列入《中国严格限制进出口的有毒化学品目录》。事实上，在全球范围内，全氟辛烷磺酸（PFOS）和壬基酚（NP）的使用正在逐渐减少，但在中国，其用量却仍呈增加趋势。

中国是全球水污染最严重的国家之一，境内70%的河流、湖泊和水库都遭受不同程度的污染，其中20%的有机污染物是由工业废水排放所致。作为中国经济发展的一个重要行业，纺织业消耗大量的具有持久性和危害性的化学品，成为水污染的主要源头之一。“作为世界工厂，中国为众多国内外服装品牌提供了生产基地”，李一方说，“但同时中国却因此成了污染重地，中国公众的健康和环境都为此付出了代价。”

为了推动这些服装品牌和供应商积极响应“无毒未来”的号召，淘汰其在供应链和产品中的所有有毒有害物质，绿色和平志愿者来到位于北京三里屯 Village 的阿迪达斯和耐克专卖店门前，将多幅污染图片展现在消费者面前，并在其店墙上写下“为中国江河去毒”的字样。“在纺织品供应链中，大品牌公司对整个服装行业起主导作用”，李一方说，“耐克、阿迪达斯和李宁这样的行业巨头完全有能力对整条生产链的改进做出贡献，带动整个行业向无毒方向发展。”

绿色和平要求耐克、阿迪达斯和李宁等服装品牌起到领导者和创新者的作用，在产品和生产过程中逐步淘汰有毒有害物质。与此同时，绿色和平呼吁中国政府以预防性原则为基础建立系统性的化学品管理体系，以逐步减少并彻底消除有毒有害物质的使用和排放。

上述案例揭示，作为中国经济发展的一个重要行业，纺织业消耗大量的具有持久性和危害性的化学品，成为水污染的主要源头之一。该案例也说明，各地频繁发生的水系污染与环境恶化安全事故都与工程技术人员在项目设计、工程项目论证和项目实施时的职业操守和工程伦理有关。工程伦理是20世纪70年代以后才逐步引起工程师和哲学界关注的，而我国对这一问题的研究是从20世纪90年代末期开始的。

一、工程伦理的兴起①

20世纪七八十年代以来，工程伦理研究在发达国家日益受到关注，在21世纪初逐渐成为科技哲学界的国际性热门问题。这与工程和工程师在当代社会的重要地位是紧密相连的。今天，中国已然成为全球首屈一指的工程大国，工程伦理的研究和实践在中国毫无疑问具有重大的理论和现实意义。下面从工程师时代的来临、工程伦理的历史变迁、加强伦理研究三个方面展开论述。

（一）工程师时代的来临

一般认为，工程是调动自然界中巨大的动力资源来为人类所使用、给人类带来便利的技术。在西方语境中，“工程”一词可以溯源至拉丁文 ingenera（移植、生殖、生产），与拉丁语 ingenium（灵巧的）和 ingeniatorum（灵巧的人）有关。现代意义的工程出现于17或18世纪，以现代技术和科学的应用为基础，并在19世纪下半叶成为独立知识领域的社会科学和社会技术——不过，社会工程和社会工程师在20世纪下半叶的出现却在西方招致大量的批评，因为很多人认为社会与自然有根本区别，不能以工程方式来对待。

与“工程”概念相应，工程师就是以工程为职业的人。“工程师”一词在西方出现于中世纪晚期，用来称呼诸如攻城槌、石弩和其他军械的制造者和操作者。也就是说，最早被称为工程师的人是军人或工兵。第一批工程教育机构由政府创建，为军事服务，比如1689年由彼得大帝在莫斯科创建的军事工程学院。在英国工业革命期间，工程师开始摆脱纯粹的军事活动，称自己为“民用工程师”或“土木工程师”。1717年，工程师约翰·斯米顿在英国创立了非正式的土木工程师协会，他去世后更名为斯米顿协会。1818年，英国土木工程师协会创立，这是第一个官方承认的职业工程师组织，同一时期，美国、法国、德国等纷纷成立类似组织，标志着工程师职业正式出现。与工程师职业密切相关的是发明专利制度的出现，美国1790年、法国1791年开始用国家成文法保护发明专利。今天，成为工程师必须具备如下其中一个条件：完成正式的理工科大学教育，拥有理学或工学学士学位；拥有政府机构认证的工程师职业资格证；具备工程师协会会员身份；主要从事具有专业水平的工程工作。

---

① 资料来源：刘永谋. 工程师时代与工程伦理的兴起［N］. 光明日报，2018-09-03，15版.

在中国，现代意义的工程和工程师都是舶来品。古汉语中并没有“工程师”一词，它是近代洋务运动中人们依据“工正”“工匠师”“工师”等传统说法引申出来、与英语 engineer 相对应的新词汇，在清末民初一度与“工师”“工程司”等并用。中国工程师最早孕育于晚清的留美幼童群体，以及船政留欧群体之中，代表人物如詹天佑、司徒梦岩等。最早的工程师职业团体是 1913 年詹天佑等人发起成立的中华工程师学会，早期著名工程有京张铁路。欧美工程的大规模扩张与工业革命和电力革命息息相关，主要是在 19 世纪下半叶和 20 世纪上半叶，伴随着大型公共工程如运河、铁路的建设，以及大型工业公司的崛起。第二次世界大战之后，西方发达国家已然进入工程和工程师的时代，工程师成为社会主流职业，工程成为改造世界的主要手段，给人们的生活方式带来了深刻的影响。中华人民共和国成立以来，中国工程事业有了长足发展，但根本性的飞跃是在改革开放之后。改革开放 40 多年来，中国的工程从业者、工程师，以及理工科大学的毕业生人数急剧增长，一大批世界领先的大型工程如三峡工程、“南水北调”工程、杭州湾跨海大桥、青藏铁路、京沪高铁等举世震惊，中国开始向外输出先进的大型工程经验如水电站和高铁建设等，海外更有人将改革开放取得的巨大成就归因于充分发挥了工程师能力的治国战略……这一切都生动地说明：从某种意义上说，当代中国也进入了名副其实的“工程师时代”。

（二）工程伦理的历史变迁

工程伦理伴随着工程师和工程师职业团体的出现而出现。一开始，人们认为工程任务自然会给人类带来福祉，但后来发现，工程实践目标很容易被等同于商业利益增长，这一点随着越来越多工程的实施遭到了社会的批判。人们日益认识到，因为应用现代科学技术拥有巨大力量，所以要求工程师承担更多伦理的义务和责任。从职业发展来说，工程师共同体强调行业的专业化和独立性，也需要加强工程师的职业伦理建设，因而很多工程师职业组织在 19 世纪下半叶开始将明确的伦理规范写入组织章程中。从工程实践来说，好的工程要给社会带来更多的便利，工程师必须要解决社会背景下工程实践中的伦理问题，这些问题仅仅依靠工程方法是无法解决的，在工程设计中尤其要寻求人文科学的帮助。总之，工程伦理就是对工程与工程师的伦理反思，只要人们生活在工程世界中，使用过工程产品，工程伦理便和每个人的生活密切相关。

按照美国哲学家卡尔·米切姆被普遍接受的看法，西方工程伦理的发展大致经过 5 个主要阶段。

在现代工程和工程师诞生初期，工程伦理处于酝酿阶段，各个工程师团体并没有将之以文字形式明确下来，伦理准则以口耳相传和师徒相传的形式传播，其中最重要的观念是对忠诚或服从权威的强调。这与工程师首先出现在军队中是一致的。

到了19世纪下半叶20世纪初，工程师的职业伦理开始有了明文规定，成为推动职业发展和提高职业声望的重要手段，比如1912年美国电气工程师协会制订的伦理准则。忠诚要求被明确下来，被描述为对职业共同体的忠诚、对雇主的忠诚和对顾客的忠诚，从而达到公众认可和职业自治的程度。

20世纪上半叶，工程伦理关注的焦点转移到效率上，即通过完善技术、提高效率而取得更大的技术进步。效率工程观念在工程师中非常普遍，与当时流行的技术治理运动紧密相连。技术治理的核心观点之一，是要给予工程师以更大的政治和经济权力。

在第二次世界大战之后，工程伦理进入关注工程与工程师社会责任的阶段。反核武器运动、环境保护运动和反战运动等风起云涌，要求工程师投身于公共福利之中，把公众的安全、健康和福利放到首位，让他们逐渐意识到工程的重大社会影响和相应的社会责任。

21世纪初，工程伦理的社会参与问题受到越来越多的重视。从某种意义上说，之前的工程伦理是一种个人主义的工程师伦理，谨遵社会责任的工程师基于严格的技术分析和风险评估，以专家权威身份决定工程问题，并不主张所有公民或利益相关者参与工程决策。新的参与伦理则强调社会公众对工程实践中的有关伦理问题发表意见，工程师不再是工程的独立决策者，而是在参与式民主治理平台或框架中参与对话和调控的贡献者之一。当然，参与伦理实践还不成熟，尚在发展之中。

（三）加强工程伦理研究

作为科技哲学领域的研究热点之一，工程伦理研究是一种典型的问题学，它的核心问题是“如何让工程实现更好的使用和更多的便利”，或者可以表述为“什么是更好的工程”。工程伦理学家借助哲学和伦理学的方法，尤其是概念分析、反思性批判和全球比较等方法，结合工程实践的具体语境做出面向实践的可操作性的回答。

总的来说，目前工程伦理研究的主要问题包括以下7个方面：工程伦理的基础理论研究，包括工程伦理的概念、特点、方法，工程伦理学的学科定位和学科归属等问题；工程伦理的发展史与案例研究，包括工程伦理的观念史、实践史，以及典型的工程伦理案例研究；工程师的伦理责任和伦理准则研究，包括在工程设计、施工、运转与维护等各个环节中工程师所面对的伦理义务；大型工程实践的伦理考量研究，包括如何将伦理考量融入工程实践当中，如何让伦理学家参与大型工程实施过程，如何对大型工程进行伦理评价，以及不同类型工程的伦理考量等涉及制度建设的问题；工程伦理教育研究，包括工程伦理教育的目标、内容、方法、实施，卓越工程师的培养，以及与工程界在教育方面的合作等问题；工程伦理建设的公众参与与沟通研究，包括公众参与的原则、方法、程序、平台及控制与限度，以及大型工程的舆论沟通、伦理传播与误解消除等问题；中国工程伦理问题，包括中国工程伦理的地方性与国际化，中国工程伦理的现状、问题和对策，中外工程伦理理论和实践的比较，中国大型工程的伦理等问题。当然，工程伦理研究内容归根结底要为提升工程和工程师的伦理水平服务，因而会随着工程实践的发展而不断变化。

二、工程伦理应该成为工程教育“第一课”①

近几年来，环境污染事件不断被曝光。在经济利益的驱使下，牺牲环境导致的每一个事件的背后，都暴露出工程项目决策者和实践者在趋利心态下的错误行动，值得我们思考。假如不为了钱，那么我们是否会有不同的选择？

早在20世纪70年代，西方一些发达国家在工业革命的进程中，也经历类似的环境污染和安全事故，有些事故甚至危及人类长期的生存和发展。1986年，因O型环密封圈失效而导致的美国“挑战号”航天飞机灾难事件震惊世界。事后发现，在决策中无视已知的缺陷，忽视工程师提出的低温下发射具有危险性的警告，是导致这次事件的关键因素。在应对这些挑战和压力的过程中，西方发达国家发现并开始开展工程伦理教育，并将其作为未来工程师所必备的基本素质。

所谓工程伦理，至少有两个层面的含义：一是工程项目内在的伦理，即工程的伦理准则；二是工程项目核心实施者之一的工程师职业伦理，即工程师的伦理准则。

随着现代工程技术的发展，工程决策与实践中的伦理冲突不断涌现。比如，医学上的“转基因工程和换头术”产生的生命伦理问题，化学与化学工程的发展带来的抗生素问题、环境激素问题等新的伦理冲突。

---

① 资料来源：修光利，侯丽敏．工程伦理应该成为工程教育“第一课”［N］．文汇报，2017－04－28．

这些冲突大致上蕴含着两类问题：一是工程本身是否可能带来近期的或长期的环境影响或生态破坏；二是工程决策时决策者、设计者和实施者都承担着怎样的伦理角色。

伦理决策和价值选择对于社会的可持续发展来说至关重要。因此，工程伦理教育应该是全过程、全方位的教育，需要从源头抓起。2016 年，中国科协代表中国成为《华盛顿协议》的正式会员，这标志着我国正向工程教育强国迈进，给高校工程教育的培养目标和培养质量提出了更高的要求。

工程伦理应该成为工程教育的“开学第一课”，培养具有“伦理意识”的现代工程师，以造福人类和可持续发展为理念的工程师，才能在面对忠诚于股东还是公众的利益冲突等道德困境时做出正确的判断和选择。

目前，尽管工程伦理教育在中国已经起步，但仍处于初级阶段，对工程伦理教育范畴理解的广度和深度还不统一。当前，理工科院校开展工程伦理教育，至少需要从两个方面入手开展：一是工程伦理的意识和价值塑造；二是辨别工程伦理冲突的能力，两者互为基础，相辅相成。针对环境工程与工程管理专业的学生来说，两方面的教育都很重要。还必须注意的是，工程伦理的意识需要早期植入。

首先，工程伦理教育的核心之一是“意识与责任教育”。价值塑造，是工程伦理教育的内涵和主旨。通过意识和责任教育，推动“负责任的创新”，就是指在工程设计、实施、运行和退役等全过程中充分考虑到对自然环境、子孙后代可能产生的负面影响并加以规避。工程人才培养应该从强调工具理性向突出价值理性方向提升和转移，通过工程伦理教育，塑造未来工程师“关爱生命、关爱自然、尊重公平正义”的可持续发展价值观；同时要认识到，履行社会责任从长期看就是创造价值，实现道德与利润的平衡。

其次，识别和判别工程伦理冲突的能力，应该成为工程师教育的重要内容。工程师应该具备“明辨是非”“先觉先知”的能力，即掌握风险辨识和评价的基本方法，具备基于长期利润与道德平衡而进行工程决策的能力。目前，很多高校开始在硕士阶段开设“工程导论”“工程通论”“工程哲学”等课程，普及工程的普遍价值。在华东理工大学，结合 2017 年环境工程本科生培养方案修订，学校已经将工程伦理纳入最新的培养方案中。结合一流本科建设，学校将融合工科、管理学和社会学等多个学科，将工程实践伦理的辨识和评价方法融入课程教学，突出技术、科学、哲学和道德规范相融合的知识体系与架构。

再次，工程伦理教育从娃娃抓起，是推动工程伦理的根本途径。为了体现大学的责任和担当，华东理工大学正在将工程伦理课程逐步引入华东理工大学附属中学的课程体系中。通过启蒙课程，将伦理意识和可持续发展理念植入中学生的思想中。我们相信，经过工程伦理的教育，这些学生必将成为未来“有责任创新”和“符合公众利益”的工程实践的主体。

工程伦理问题的重要性在于，它不仅有利于纠正当前在工程界普遍存在的对工程伦理的片面性认识，而且有利于对工程活动进行有效的制约与监督及对工程活动的决策者、参与者进行伦理道德教育。

中国工程院殷瑞钰院士指出：工程是现代文明、社会经济运行和社会发展的重要组成部分。工程决策（特别是重大工程决策）的正确与否不仅影响地方和地区的发展，而且会对全局产生影响，影响社会发展的进程，甚至影响人类的未来和命运。现实和形势的需要都向我们提出了把工程问题提升到哲学高度来认识的要求，要求对已有的工程进行理性的反思，要求对工程的规律和特点进行探讨，这是时代的要求，也是学者和工程师应该担负的责任。

肖平认为，工程伦理问题目前在中国的工程界和工程教育界均远未得到应有的重视。有很多人毫无愧疚之心，甚至毫无知觉地打着发展经济、建设现代化的旗号，却干着污染环境、破坏生态、危害公众健康和人类长远利益的所谓“工程”。广大的国民在这种不负责任的开发处境中，可谓未蒙其利，反受其害。既然技术应用并不能解决人类面临的所有问题，反而还可能引发新的问题，既然我们已经证明科学技术的运用并不当然地具有合理性，科学家和工程师也并非天然地具备对科技应用的效应做出价值判断和道德选择的能力，那么我们就不能不提出对工程技术人员的职业活动进行道德监督和道德观、价值观引导的问题。

余谋昌认为，工程伦理是从工程问题中推衍出来的，把工程问题提到道德高度，既有助于提高工程技术人员的道德素质和道德水平，又有助于保证工程质量，最大限度地避免工程风险。李世新认为，任何一项工程都具有独特性，不是已有的科学知识甚至其他工程知识和以往工程经验所能完全涵盖得了的，它需要工程师发挥类似艺术创造意义上的直觉和灵感。所以“失败是一切有用的工程设计中所固有的”，工程中内在地存在着危及人们生命、健康和财产安全的风险因素。“用户及公众能够接受何种风险？”“怎样确定可接受的风险水平？”“谁来确定这个标准？”等问题，都不是简单的应用科学理论就可以解决的纯粹技术性质的问题，而是带有伦理性质的难题。也就是说，工程之中存在着丰富的社会伦理问题。

三、建立工程伦理的基础和途径

对于工程伦理建立的可能性的问题或其建立的现实基础如何，国内基本上认为工程伦理的建立是非常有必要的，而且也是可能的、急需的。李伯聪院士认为，现代工程与古代工程有很大的区别，古代工程基本上是手工的、个体的，以经验知识为基础的活动，而现代工程则是工程化的、产业化的，既有现代科学理论指导，又有现代技术方法支撑的社会活动方式。工程的数量越来越多，规模越来越大，程度越来越复杂，工程与工程、工程与自然、工程与经济社会之间，以及工程自身内部都有许多极其复杂的关系，需要进行跨学科、多学科的研究，特别需要从宏观层面，以哲学思维把握工程活动的本质和规律。

郭重庆院士认为，光有法规的约束还不行，还要有一个全民的环境意识，包括工程建设伦理道德问题。他指出，工程与科学、技术都有区别。科学是认识世界；技术是改造世界；工程更多的是通过一个项目，利用科学技术知识，包括社会科学的知识，去优化资源配置，达到预期的目的。尽管工程不同于科学技术，但是也必须用伦理道德去约束工程师的行为。工程伦理的现实基础恰恰是现代工程的特点所决定的。

李伯聪院士认为，工程绝不是科学的简单应用或“低一级”的“附庸”；在社会生活中，工程活动是一种非常重要的基本社会活动方式。工程活动的基本特点是其集成性和建构性，工程活动是集成了多种要素，包括技术要素、经济要素、知识要素、管理要素、社会要素、伦理要素等的物质建造性社会活动。在工程活动中，伦理要素不但必然存在，而且工程中的伦理要素常常和其他要素“纠缠”在一起，使问题复杂化，形成许多可以被称为伦理“困境”（dilemma）的问题，这就成为开创和发展工程伦理学的现实基础和学理前提。既然工程是一种“独立”类型的社会活动，既然工程活动中存在着许多复杂的伦理问题，那么，关于工程伦理学“存在”的现实基础和学理前提的问题也就基本解决了。

许多学者对工程伦理的研究多是从对工程基本的概念和范畴的界定着手，对工程活动的价值评判、对工程决策者和实施者及工程师的道德审视和道德期望进行了探讨和研究。在工程伦理研究的过程当中，案例分析也是很多学者采用的方法。有的学者认为，工程伦理主要指工程技术人员在大型工程的设计、实施中的伦理问题。工程对社会和自然的影响越来越大，从而要求工程师对公众和自然切实负起伦理义务的呼声也越来越高。一项工程既涉及工程业主的利益，也涉及社会公众的利益，还涉及自然环境的利益，因此工程师也要肩负这三方面的伦理义务。

余谋昌认为，工程伦理又称工程师伦理，是工程技术人员（包括技术员、助理工程师、工程师、高级工程师）在工程活动中，包括工程设计和建设，以及工程运转和维护中的道德原则和行为规范的研究，可以把工程伦理分为工程社会伦理问题和工程生态伦理问题。肖平认为，我们首先把工程伦理作为应用伦理学的一个研究领域看待，也就是说，它的着眼点不是建立一套完整系统的理论，而是具体地探讨和解决工程实践中提出的道德课题。解决这些问题虽然有一些共同的原则和思路可以遵循，但往往又因不同个案具体情况的差异使人难于做出简单一律的判断。这需要对具体情况开展个案研究。一方面，重视例证和从工程实践中提出的问题；另一方面，开展多学科配合的交叉研究，从不同的工程领域收集和提出问题，共同探讨解答的方案，不仅可以将研究引向深入，还有利于整理出具有广泛适用性的共同原则和方法。李世新认为，工程伦理学研究工程技术中的伦理问题，所以把握工程的本质和特点是工程伦理学研究的基础。

四、工程伦理的内容和特征

余谋昌认为，工程伦理的道德基础是公正地处理各种有关的利益关系，主要是业主与承包人的利益关系、工程与社会的利益关系、工程与自然的利益关系。也就是说，应实施利益分配的平等原则，公正合理地分配工程效益。工程伦理的道德规范是对从事工程设计、建设和管理工作的工程技术人员的道德要求。其主要道德规范是：责任、公平、安全、风险。前两者是普遍伦理原则，后两者是工程伦理特有的原则。

肖平认为，工程伦理研究的内容主要包括 5 个部分：① 通过对工程决策和实施过程中各阶段面临的价值冲突和道德问题的初步扫描，引起对工程活动中伦理课题的关注与思索；② 工程伦理与一般伦理原则及传统伦理原则的关系，工程实践中的价值选择具有约束力和共通性的指导原则，这是建立工程伦理体系的核心和基础；③ 典型工程领域的道德课题探讨，以某些应用范围较广、社会影响面大的具体工程科学为切入点，通过案例分析，深入探讨特定的工程领域正在面临的道德课题及其解决的前景，以期引起科技工作者的警惕；④ 对工程过程的伦理审视，重点探讨在一般工程环节的运作中进行道德审视与约束的内容；⑤ 工程师职业道德素质与规范，在充分总结工程活动的道德要求和科技工作者实践的基础上，提出工程师及其他技术工作者应具备的伦理素养和道德规范，并指出人道主义是工程伦理的首要原则。中国工程院前院长徐匡迪指出，物尽其用是工程师职业道德的一个起码要求。不能因为业主有钱，他要浪费，就照他的意思去乱设计，这是违反工程伦理和工程师职业道德的。

有学者认为，工程伦理是调整工程与科技、工程与社会的道德规范，是工程领域、科技领域、社会领域都必须遵守的伦理道德原则，因此，复杂性和特殊性便是工程伦理的基本特征。由于它的复杂性和特殊性，肖平认为，建构工程伦理的逻辑体系的完整理论尚有一定的困难，其中最大的困难便在于从事这项研究的人大都缺乏研究这一课题所需要的合理知识结构，他们要么经过了伦理学研究的专门训练，却缺少有关现代科技发展的基本知识与工程实践背景；要么有精深的科技研究背景和工程实践体会，却缺少系统的伦理学理论修养，并且，他们通常也只熟悉自己的专业领域，对其他工程学科所面临的问题难免有隔靴搔痒之感。刘平斋认为，工程伦理学涉及工程学、医学、生物学、化学、物理学等自然科学，以及伦理学、哲学、社会学、政治学、法律学、自然辩证法等哲学社会科学，学科跨度大，研究难度大。

五、多维共建工程伦理教育①

工程活动是现代社会存在和发展的基础。随着信息技术、生物技术、新能源技术、新材料技术的交叉融合，航天工程、生物工程、建筑工程等工程科技的进步与创新成为推动人类社会发展的重要引擎，也带来极其复杂的社会伦理后果，凸显出工程师的伦理责任和工程伦理教育的重要性。美国工程伦理学家戴维斯（Michael Davis）提出了工程伦理教育的 4 个目标：提高学生对相关职业标准问题的敏感度、增长学生关于工程伦理问题的知识和概念、提高学生的伦理推理能力、增强学生的职业责任感。当代工程伦理教育应突破知识灌输和职业伦理的传统范式，注重知识、价值、能力的多维共建。

（一）有必要进行工程伦理教育

现代工程活动不仅深刻改造了自然世界，更是在持续创造和拓展人工世界、为人类社会带来巨大的经济社会效益的同时，也产生了极其复杂的社会伦理后果。例如，核电站选址建设不仅涉及周边地区的生态环境破坏、能源安全等环境问题，还涉及当地居民的移民安置和生态补偿等社会问题；化工厂建设不仅涉及选址合理性、安全施工等技术层面的考量，还涉及化工材料安全标准的伦理相对主义问题，即在不同国家和地区实施双重标准的问题，一如印度博帕尔化工厂爆炸的沉痛教训；建筑工程不仅要关注材料选择和技术创新的成本—收益分析和可行性，还要关心其生态环境后果和经济社会影响；基因生物工程不仅牵涉基因生物科学当前现实应用的技术可能性和安全

---

① 资料来源：邬晓燕. 多维共建工程伦理教育［N］. 中国社会科学报，2019－07－23.

性问题，而且牵涉其对人类基因序列和物种繁衍的不可预测、不可逆的长远影响，牵涉人类社会的伦理可接受性问题等。

现代工程活动及其社会伦理后果的复杂性高度凸显工程师的社会责任。20 世纪世界各国的现代化进程如火如荼，现代科学技术不受限制的推进和“有组织的不负责任”携手将人类社会带进世界风险社会。正如风险社会理论家贝克（Ulrich Beck）所言，“工业社会通过风险的成倍增长和对风险的经济开发系统地产生了它自己的危境和对它自身的质问。”工程技术和工程活动，数量越来越多、规模越来越大、程度越来越复杂，集中体现了现代科技发展面临的人与自然、人与社会、人与人之间的复杂矛盾，凸显出工程师这一职业群体面对企业、政府、公众和工程师共同体等不同群体的责任及不同责任之间的冲突问题。对雇主忠诚是传统时代工程师职业伦理的第一律令，然而现代工程活动及其社会伦理后果的复杂性要求工程师在履行职业伦理的基本要求外，还应承担更多的社会责任，在职业伦理与公众利益相冲突时，应将公众利益放置于优先地位。对自然负责，对公众负责，乃至对人类负责，成为工程师社会责任的内在要求。

增强工程师的社会责任意识，需要改变其追求技术效益最大化的传统工程观和忠诚于雇主的工程职业伦理观，这要求工程伦理教育的及时跟进。在工业化快速推进过程中，出现了许多生产安全事故和化工厂爆炸事故，事故追责审查往往更多关注安全标准、管理制度等硬性因素，而忽略了职业伦理规范、社会责任意识等软性因素。美国电气和电子、土木、化学、机械等工程师协会伦理守则一致强调“应当将公众的安全、健康和福利放在首位”，遵守可持续发展的原则，关注技术的应用和潜在后果。由于工程设计要求考虑更广泛的社会语境和社会责任，国际工程伦理研究的焦点也呈现出从工程师个体的微观道德行为规范到工程实践活动的宏观责任伦理的转向，要求工程伦理教育相应地从工程师的职业伦理规范扩展到工程师更广泛的社会责任。

（二）多维度着力工程伦理教育

现代科学高度分化又高度综合，21 世纪的工程伦理教育导向是培育多学科视角和高责任感的现代工程师，要求其既要具有扎实的工程专业能力，又要具备精深的社会能力。工程伦理教育应重视知识、价值和能力的多维共建。

工程伦理教育应加强工程实践的伦理知识教导。一方面，工程伦理教育应明确指出工程实践之于人类生存与发展的重要意义。现代工程实践的突飞猛进使人类认识和改造自然的广度与深度空前拓展，工程环境已成为自然环境外人类生存的重要环境空间。工程与自然、经济、社会及不同工程之间具有复杂交叠的关系。因此，需要进行跨学科、多学科的研究与合作，也需要确立整体主义的工程观和工程伦理观。另一方面，工程伦理教育应帮助学生熟悉目前关于工程实践的伦理指导纲领和基本规范，掌握关键的伦理概念和原则，学会识别工程实践相关的伦理问题，掌握工程评价恰当的伦理标准。

工程伦理教育应深化工程师职业伦理和社会责任的价值培育。工程科技确证和拓展了人的本质力量，也对人们特别是工程师提出了更高的伦理目标和社会责任要求。工程师的职业责任不仅在于关注工程设计安全、工程发展后果、避免工程灾难等消极责任，更要将伦理审视和道德建构贯穿于工程设计和工程应用的完整过程，追求工程活动对人类福祉和善的积极责任。一方面，工程伦理教育应阐明工程性质与规范、工程安全与风险、工程与环境和社会的关系等基本内容，引导学生明确工程活动的责任与权利，遵守职业道德规范，提升工程师伦理素养。一如美国技术哲学家米切姆（Carl Mitcham）所言，工程设计研究应考虑更多关于善的因素，并对善进行反思。另一方面，工程伦理教育应引导工程师展开对工程师职业的价值反思，探讨工程与自然、经济、社会的关系，以及工程师与社会公众的关系，在工程实践中通过自身负责任的行为，勇于承担工程伦理决策责任，提升工程的道德性，培育积极的道德情感和社会责任意识，成为负责任、有情感的工程师。

工程伦理教育应不断提升工程从业者的伦理决策能力。由于工程直接关系经济社会的发展、生态环境状况、民众利益和社会福祉，因此如何能够有效提高工程设计合理性、合理规避工程风险、预测前瞻工程后果、妥当解决工程实践利益冲突，十分考验工程师和工程从业人员的伦理决策能力。知识教导和价值培育如果仅停留在理论层面，则只能是原则性的规范。工程过程可以划分为计划决策、操作实施和完工应用三个阶段，工程伦理教育只有落实到具体的工程实践活动和过程当中，在应对和解决现实的工程专业难题和伦理道德冲突过程中，才能转化为切实的工程师社会能力。工程伦理教育应通过改革工程伦理教育课程、分析工程伦理案例、增加工程实践教学、参与社区或城市的工程建设等教学和实践形式，让工程从业者模拟和直面工程实施过程中面临的道德挑战和多元利益冲突，了解在何种情况下应怎样去做工程实践相关的伦理决策。

工程伦理教育应帮助工程从业者将工程伦理“确保公众的安全、健康和福祉”这一首要目标贯彻到工程活动当中，预防不道德的行为，避免有争议的行为，激励向善的行为。要增强伦理判断力和意志力，提高工程伦理的决策能力，有能力组织和协调不同利益主体进行对话协商，充分考虑各方利益和责任，促进共识形成。唯有在工程伦理教育中重视知识教育、价值培育和能力提升的三维共建，才能真正培养出兼具工程专业和综合社会伦理能力的现代领军工程师，推动工程师共同体成为指导、激励、组织、创造性管理工程活动和工程实践的道德领导者。

六、工程伦理与国际竞争力①

中国要将“大国重器”掌握在自己手中，实现工程大国向工程强国的转变，需要更多的顶尖工程技术人才和工程技术大师。随着高铁、水电等越来越多的工程行业走出国门，中国工程师更多地参与到全球工程实践中，国际化程度越来越高，工程事务对他们的要求也越来越高。当代社会对工程师的要求不仅是纯技术效率上的，还要求他们对工程的生态环境、公众健康、安全和人文等社会影响有足够的认识，具备高度的社会责任感、正确的价值观、利益观和强烈的伦理道德意识，尤其是对专业工作进行道德价值判断的能力。因此，工程伦理教育已经成为当今工程教育体系的重要组成部分，直接决定着工程师培养是否全面，对工程师的国际竞争力影响很大。

一个国家的工程竞争力说到底主要取决于工程师的国际竞争力。中国工程师的国际竞争力如何，如何提升他们的国际竞争力，一直备受关注。与欧美发达国家相比，中国工程师的国际竞争力存在某些优势，但总体上还不尽人意。这固然是多方面因素导致的结果，但与中国工程伦理教育的不足存在较大关联。工程伦理教育可引导工程师把伦理作为重要因素融入工程实践中，使工程不仅追求“真”，还要向“善”的方向发展。当前中国拥有世界上最大规模的高等工程教育，每年培养的工程技术人才数量国际领先，但是不少高等工科院校在对未来工程师的正确、全面的工程观与工程文化的塑造方面仍是“短板”。从工程伦理教育的角度，我们应当从 4 个方面着手，提升中国工程师的国际竞争力。

第一，提升我国工程师的国际竞争力，应改善工程伦理教育环境，建立工程伦理教育长效机制。工程伦理教育发挥着工程专业通识教育的功能，可以让工程师跳出工程技术领域来看问题。毕竟，现代工程实践已经进入“大工程”“系统工程”时代，需要参与者树立以工程伦理为核心的大工程观，运用整体思维能力、综合系统能力协调各方关系，进行工程决策，解决工程

---

① 资料来源：易显飞．工程伦理教育与中国工程师国际竞争力［N］．光明日报，2018－09－03，15 版．

活动中遇到的现实问题。到目前为止，工程伦理课程已在清华大学、浙江大学等20余所高等院校开设。其中，清华大学将学术规范和职业伦理教育课程纳为研究生培养方案中的必修课，实现了学术规范和职业伦理教育在研究生课程教育中的全覆盖。但这还是远远不够的，毕竟我国工科类高等院校数量众多，唯有通过制度化的途径，譬如将工程类专业的学生满足工程伦理方面学习的一定学分要求作为授予学位的前置条件，将接受工程伦理教育考核作为未来职业工程师认证的必要前提，将工程伦理教育纳入工程类专业认证与学科评估体系等，方能建立真正的工程伦理教育长效机制。

第二，提升我国工程师的国际竞争力，需要更新工程伦理教育理念，将其贯穿于工程师个人职业生涯的全过程，不断提升工程师自身“含金量”。一方面，在校学生通过参与工程企业实际操作，在工程训练中深入了解企业生产第一线的伦理道德规范，与职业工程师相互交流，在踏入企业之前强化自身职业道德伦理意识，逐渐形成良好的职业道德操守，做到内化于心，外化于行；另一方面，企业在职工程师通过参加有针对性的职业伦理道德教育与工程伦理培训，结合个人职业发展规划，从强化基本的伦理教育到人际伦理教育，再到人际与环境伦理双重教育，提高主体责任意识，增强职业责任感和社会责任感，真正实现“负责任创新”。

第三，提升我国工程师国际竞争力，增强工程伦理教育实效，需要优化工程伦理教育教学模式，积极创建伦理课程体系，打造与专业学科紧密相关的伦理教育课程，注重从生活实践与工程案例中进行学习和训练，在潜移默化中培养工程伦理意识，树立并形成正确的工程伦理观。欣喜的是，相比本科生，我国研究生工程伦理教育改革取得了实质性的进展。2018 年 5 月，国务院学位委员会办公室要求将“工程伦理”列为工程类硕士的公共必修课程。在教学模式优化方面，单一的课堂讲授已经远远不能满足受教育者的需求，结合现代信息技术进行模式创新仍任重道远。在伦理课程体系方面，应该有工程伦理“学科群”的意识，针对不同层次、不同专业的受教育者设置特色鲜明的课程。与一般的伦理学课程不同，作为应用伦理学类课程，要注重构建案例分析，理论与实践深度结合的教学内容体系。在师资队伍方面，要避免思政教师、工科专业教师、工程伦理类教师“各自为政”的局面，应成立专业化的工程伦理师资队伍。

第四，提升我国工程师国际竞争力，应注重本土化与国际化相结合，既要立足本国国情，又要以国际视野推动工程伦理教育国际化。一方面，要积极引进外来人才，聘请国外优秀工程师、设计师与工程伦理领域学者来华讲学交流，与国际一流大学围绕特定议题定期举办学术交流，对国际热点的工程伦理问题进行研讨，在拓展眼界的同时，结合本国国情解决现实问题；另一方面，要创造条件积极大胆走出去，第一线的工程技术人员要主动参与国际间的工程项目，进行跨文化与跨伦理交流，在合作过程中增进了解。高等院校应当创造条件为学生提供国际项目与海外实习机会，让他们在实践中领悟工程伦理的地域差异性。工程伦理教育工作者更要充分利用国际学术交流与合作平台，学习借鉴发达国家和先进地区的工程伦理教育理念；再结合国情和自身的专业特点，挖掘工程伦理教育的“中国优势”，总结“中国经验”，形成既与国际接轨又具有“中国特色”的工程伦理教育体系。

第三节　管理决策综述

案例导读

新任厂长的产品决策①

某工具厂从1990年以来一直经营生产A产品，虽然产品品种单一，但是市场销路一直很好。后来由于经济政策的暂时调整及客观条件的变化，A产品完全滞销，企业职工连续半年只能拿50%的工资，更谈不上奖金，企业职工怨声载道，积极性受到极大的影响。

新厂长上任后，决心一年改变工厂的面貌。他发现该厂与其他部门合作的环保产品B是成功的，于是决定下马A产品，改产B产品。一年过去，企业总算没有亏损，但工厂日子仍然不是十分好过。

后来市场形势发生了巨大的变化。原来的A产品市场脱销，用户纷纷来函来电希望该厂能尽快恢复A产品的生产。与此同时，B产品销路不好。在这种情况下，厂长又回过头来抓A产品，但一时又无法搞上去，无论数量和质量都不能恢复到原来的水平。为此，集团公司领导对该厂厂长很不满意，甚至认为改产是错误的决策，厂长感到很委屈。

① 资料来源：周三多．管理学［M］．5版．北京：高等教育出版社，2018．

一、决策分类

（一）决策的要领及其特性

决策是人们为实现一定的目标而制订的行动方案，进行方案选择并准备方案实施的活动，是一个提出问题、分析问题、解决问题的过程。决策包含以下特性：决策是行动的基础；决策有明确的目的；决策有两个以上可行的方案；决策要因果分析和综合评价；决策要经过方案的优选过程。

决策是管理的首要职能，决策的正确性和科学性对管理活动的成败起着决定性的作用，直接关系到一个企业或组织的生存和发展。

（二）决策分类

1. 战略决策、管理决策和业务决策

根据决策的重要程度，决策可分为战略决策、管理决策和业务决策。战略决策即事关企业或组织未来发展方向和远景的全局性、长远性和大政方针方面的决策，主要由组织内的最高管理层负责；管理决策是执行战略决策过程中的具体战术的决策，一般由企业或组织的中间管理层负责；业务决策，即日常业务活动中为提高工作效率和生产效率，合理组织业务活动进程等而进行的决策，一般由初级管理层负责。

战略决策、管理决策和业务决策与管理层次之间的关系见表 1-1。

表 1-1　管理层次与决策类别的关系

管理层次	决策类别
最高管理层	战略决策
中间管理层	管理决策
初级管理层	业务决策

2. 程序性决策和非程序性决策

按决策的重复程度，决策可分为程序性决策和非程序性决策。程序性决策，即在日常管理工作中以相同或基本相同的形式重复出现的决策；非程序性决策，是具有极大的偶然性和随机性，很少重复发生，无先例可循，具有大量不确定因素的决策活动。

3. 确定型决策、风险型决策和不确定型决策

按决策的可靠程度，决策可分为确定型决策、风险型决策和不确定型决

策。确定型决策问题中一般可以运用数学模型求得最优解；风险型决策，即决策所面临的自然状态是一种随机事件，各种可行方案所需的条件存在不可控因素，决策的结果只能按客观的观察率来确定，决策存在着风险；不确定型决策，即客观上存在两种以上的自然状态，其出现的概率是未知的，各种可行方案出现的后果是不确定的，完全凭决策者的经验、感觉和估计来做出决策。

4. 定量决策和定性决策

按决策目标与所用方法，决策可分为定量决策和定性决策。定量决策，即决策目标有准确的数量，可以采用数学方法做出的决策；定性决策即难于用准确数量来表示目标，主要依靠决策者的分析判断进行的决策。

5. 中长期决策和短期决策

按决策所涉及的时间长短，决策可分为中长期决策和短期决策。

6. 初始决策和追踪决策

按决策是一次性拟定还是随时间推移多次拟定，决策可分为初始决策和追踪决策。

二、决策方法

（一）决策的“硬”技术和“软”技术

1. 决策的“硬”技术

决策的“硬”技术是指建立在数学模型基础上，运用电子计算机辅助决策的方法，其中应用比较广泛、比较成熟的技术是以统筹学和管理科学为主要内容的计算机决策支持系统，其大大提高了决策的准确性和时效性。由于“硬”技术的数学模型要求的条件必须是明确的，而社会经济活动和管理活动却是不断变化的，存在着决策者难以控制的和不确定的条件因素，使“硬”技术在运用上具有局限性。

2. 决策的“软”技术

决策的“软”技术是指建立在心理学、社会学、行为科学等基础上的“专家法”，即“专家创造力技术”。其通过有合理结构的专家群体，依靠现代科学手段掌握的大量信息，迅速严密地分析、归纳和演绎，提出决策的目标、方案、参数，并做出相应的评价和选择。“软”技术最适合于受社会因素影响较大、所含不确定因素多的综合性决策，特别是战略决策问题。

“软”技术弥补了“硬”技术对政治、社会和人文因素无法定量测算分析的缺陷，即从着重通过数学解析手段求最优解的方法，转向大力采用模拟法、试探法、推演法等灵活实用的方法，这些方法的特点是决策模拟。决策模拟在管理决策中的实用性具有明显的积极作用，其不受直接求解的限制，可以包括更多、更全面的决策影响因素，使决策更加接近实际，在实际应用中更为有效。

（二）常用的决策方法

1. 确定型决策的方法

确定型决策的分析计算方法一般采用方案比较法、成本效益分析法、量本利分析法等。其中量本利分析法是一种适用性强、应用广泛的决策方法，其基本原理是根据与决策方案有关的产品产（销）量，成本、盈利的相互关系，分析各方案对应的经营效益的影响，据此做出方案的评价和选择。

2. 随机型决策的方法

随机型决策也称风险型决策，其决策的客观条件不能肯定，但能判断确定未来经济事件中各种自然状态下可能发生的概率。决策者根据决策目标，选择最大或最小的期望值所对应的方案为决策方案，并付诸实施。分析计算过程采用决策树的方法，决策树与决策矩阵相似，但采用树形图来描述分析计算过程，能解决较为复杂的多层次决策问题。

3. 不确定型决策的方法

（1）等可能性法

等可能性法也称拉普拉斯决策准则。这种方法假定自然状态中任何一种情况发生的可能性是相同的，通过比较每个方案的损益平均值来进行方案的选择。在利润最大化目标下，选择平均利润最大的方案；在成本最小目标下，选择平均成本最小的方案。

（2）保守法

保守法也称瓦尔德决策准则，或小中取大的准则。运用保守法进行决策时，首先确定每一可选方案的最小收益值，然后从这些方案最小收益值中选出一个最大值，与该最大值相对应的方案就是决策所选择的方案。

（3）冒险法

冒险法也称赫威斯决策准则，或大中取大的准则。冒险法在决策中的具体运用是：确定每一可选方案的最大利润值，再从这些方案的最大利润中选出一个最大值，与该最大值相对应的可选方案便是决策选择的方案。

（4）乐观法

乐观法也称折中决策法，决策者确定一个乐观系数，运用乐观系数计算出各方案的乐观期望值，并选择期望值最大的方案。

（5）最小最大后悔值法

运用最小最大后悔值法时，首先要将决策矩阵从利润矩阵转变为机会损失矩阵；然后确定每一个可选方案的最大机会损失；最后，在这些方案的最大机会损失中，选出一个最小值，与该最小值对应的可选方案便是决策选择的方案。

三、决策分析

（一）寻求最有效的生产方式

假若花费在决策分析上面的时间，恰好符合正当决策需要的时间，则分析可以导致做出获取最大利润的决定；否则，不必浪费很久的分析时间。

（二）优良的决策

优良的决策需要决策者利用逻辑来处理基本投入项。在利用逻辑处理基本投入项的过程当中，决策分析成为决策者不可缺少的工具。

（三）决策分析模型

决策分析模型通常包括有决策图表或决策树，导入分析模型的投入项是以数字表示的或然率。由演算而产生的输出项则是表明每个行动方案结果的或然率，或是仅对某一最佳的行动方案的具体说明。

决策分析着重于数量化，但和其他的定量分析法有一些差异。其他的定量分析法所运用的模型相当狭小、固定，而且用途不像决策分析那样广泛。

（四）适应权变理论

决策分析是一种能适应权变理论的系统分析法，既可适用于简单易行的模型，也可适用于非常复杂并且需要定量分析的模型。决策分析的运用范围广泛，包括有关产品发展决定、生产设备规模与位置的决定、物价的议定、外销发展，以及各种财务管理问题的解决。

另外，运用决策分析来建立管理者独立思考的能力，是一项最佳的训练方式。

本章小结

改革开放以来，中国伦理学理论大致经历了反思性启蒙、世俗化、社会化三个发展阶段。在其发展过程中始终贯穿着确立起何种道德观念和如何确立道德观念与伦理秩序的问题。工程伦理是20世纪70年代以后才逐步引起工程师和哲学界关注的，我国对这一问题的研究是从20世纪90年代末期开始的。工程伦理应成为工程教育的“第一课”，是对工程技术人员在工程活动中，包括工程设计和建设，以及工程运转和维护中的道德原则和行为规范的研究。要多维共建工程伦理教育，努力实现4个目标：提高学生对相关职业标准问题的敏感度、增长学生关于工程伦理问题的知识和概念、提高学生的伦理推理能力、增强学生的职业责任感。

决策是人们为实现一定的目标而制定的行动方案，进行方案选择并准备方案实施的活动，是一个提出问题、分析问题、解决问题的过程。决策具有以下特性：决策是行动的基础；决策有明确的目的；决策有两个以上可行的方案；决策要因果分析和综合评价；决策要经过方案的优选过程。

案例分析

印尼阿斯特拉国际公司：管理决策与企业经营

说起谢建隆，在印尼乃至东南亚可以说无人不知。谢建隆以2.5万美元起家，经过不懈努力，最终建立起一个以汽车装配和销售为主的王国。

鼎盛时期，阿斯特拉集团公司拥有15亿美元的资产，年营业额达25亿美元，55%的印尼汽车市场被它占领。公司股票上市后，不少投资者认为，经营上轨道，投资风险小，且获利稳定，颇有投资价值。而谢氏家族占有绝对控制权直接持有76%的公司股票。

但自从著名的美国王安公司申请破产以来，与其“遥相呼应”的是印尼第二大集团企业——阿斯特拉国际有限公司也陷入“泥潭”……

一些有识之士毫不客气地指出：酿成这一悲剧的症结完全在于该公司的创业者，印尼华人富商谢建隆患上了严重的“家族企业症”。

这得从谢建隆的大儿子爱德华谈起。爱德华曾获企业管理硕士学位，回到印尼后，决心大干一番。1979年，爱德华以2.5万美元成立第一家企业——苏玛银行。

当时印尼经济刚刚开始腾飞，政府信用扩充，天时配合。凭着“谢建隆”这个金字招牌所代表的信誉，他以很少的抵押就能贷到大笔资金。

接着，他投资金融保险业务和房地产开发，资本迅速膨胀，10 年之内，以苏玛银行为中心的苏玛集团拥有 10 亿美元的资产，事业遍及欧美和东亚地区，成为与阿斯特拉集团相当的集团企业。

殊不知，巨大成功的背后潜伏着重重危机。从一开始，爱德华就犯了一个不可饶恕的错误：他的王国建立在债务上，而不是稳扎稳打来的。

爱德华 10 年的经营，似乎只有“以债养债”，不计代价的成长，基础极其脆弱，没有一些像样的经济实体与之配合。如果机会不在，危险便会接踵而至。

果然，到了 1990 年底，印尼政府意识到经济发展过热，开始实行一系列紧缩政策，银根收紧便是其中之一。苏玛集团顿时陷入难堪的境地——苏玛银行的贷款无法收回，经营的房地产又不易脱手，而高达 5 亿美元的债务，单是 20% 以上的利息就足够拖垮集团……储户们听说苏玛银行有问题后，便开始抢兑，此后一发不可收拾，苏玛集团岌岌可危。

儿子“背时”，老子心急如焚。爱德华大难临头，岂能见死不救？谢建隆唯一能采取的补救措施是以阿斯特拉的股票作抵押来筹措资金。想不到，“屋漏偏逢连夜雨”，阿斯特拉公司的股票也因印尼经济萎缩、汽车市场疲软而价格下跌，结果犹如推倒多米诺骨牌那样，不可逆转。这时，正好是 1992 年底。

多年辛劳半年毁，长使英雄泪满襟。本来，苏玛集团和阿斯特拉集团无所有权关系，苏玛集团的灾难不应拖垮谢氏集团，谢建隆完全可以不负连带责任。

那么，究竟什么原因促使谢建隆下决心“拯救”苏玛集团呢？无非是两个原因：一方面是维持自家信用；另一方面难舍舐犊之情，不肯学壮士断腕。结果事与愿违，不但无济于事，反而将他的老本都赔光。

由此看来，苏玛集团的崩溃并不在于爱德华不会“守业”，而恰恰暴露了像爱德华这样的第二代企业家往往低估了企业经营的困难与风险。再往深层看，症结还是在谢建隆身上。

因为，其一，1990 年底苏玛集团发生危机时，谢建隆低估了事态的严重性，把长期问题当作短期问题来处理，直至 1992 年底仍不能完全清醒。这样，悲剧发生也就不足为奇了。其二，他不轻易将企业的“权杖”交给儿子，固然不错。但是，作为识途的老马，他理应告诫或阻止爱德华不能靠过度借债来扩充事业。

根据上述案例，请回答以下问题：

（1）从此案例可以看出，谢氏家族企业发生悲剧的原因在于（　　）。

A．忽视广告宣传

B．决策失误

C．战略定位不准

D．不重视人力资源管理

（2）谢建隆以阿斯特拉的股票作抵押来筹措资金属于（　　）。

A．管理决策

B．战略决策

C．定性决策

D．非程序性决策

思考题

1．工程伦理建立的现实基础是什么？

2．简述工程伦理的主要内容和特征。

3．如何提升我国工程师的国际竞争力？

4．决策如何分类？简述决策分析的重要性。

第二章　工程中的责任

本章主要介绍工程及工程观的定义、可持续发展工程观的主要原则；阐述工程责任观思想的两种基本观点：第一种是强调忠诚于公司，第二种是强调社会责任；简单分析工程技术与责任的关系、信息时代的责任挑战。

第一节　工程及工程观

案例导读

“港珠澳大桥”——中国的骄傲①

港珠澳大桥（英文名称：HongKong－Zhuhai－Macao Bridge）是中国境内一座连接香港、广东珠海和澳门的桥隧工程，位于中国广东省珠江口伶仃洋海域内，为珠江三角洲地区环线高速公路南环段。

① 资料来源：吕小炜.“港珠澳大桥”——中国的骄傲［N］. 人民日报，2018－10－24，01版.

港珠澳大桥于2009年12月15日动工建设，2017年7月7日实现主体工程全线贯通，2018年2月6日完成主体工程验收，同年10月24日上午9时开通运营。

港珠澳大桥东起香港国际机场附近的香港口岸人工岛，向西横跨南海伶仃洋水域接珠海和澳门人工岛，止于珠海洪湾立交；桥隧全长55千米，其中主桥29.6千米、香港口岸至珠澳口岸41.6千米；桥面为双向六车道高速公路，设计速度100千米/小时；工程项目总投资额1269亿元。

从港珠澳大桥的建设实践看，建设一条连接三地的海上大桥具有特殊意义，为国家大型建设项目实现人与自然和谐相处树立了典范。

一、工程

18世纪，欧洲创造了“工程”一词。其原本是指与兵器制造有关、具有军事目的的各项劳作，后扩展到许多领域，如建筑屋宇、制造机器、架桥修路等。

随着人类文明的发展，人们可以建造出比单一产品更大、更复杂的产品，这些产品不再是结构或功能单一的东西，而是各种各样的所谓“人造系统”（比如建筑物、轮船、铁路工程、海上工程、地下工程、飞机等），于是，工程的概念就产生了，并且逐渐发展为一门独立的学科和技艺。

在现代社会中，“工程”一词有广义和狭义之分。就狭义而言，工程定义为“以某组设想的目标为依据，应用有关的科学知识和技术手段，通过有组织的一群人将某个（或某些）现有实体（自然的或人造的）转化为具有预期使用价值的人造产品的过程”。就广义而言，工程则定义为由一群（个）人为达到某种目的，在一个较长时间周期内进行协作（单独）活动的过程。

工程的主要依据是数学、物理学、化学，以及由此产生的材料科学、固体力学、流体力学、热力学、输运过程和系统分析等。依照工程与科学的关系，工程的各分支领域主要有如下的职能：

（1）研究：应用数学和自然科学的概念、原理、实验技术等，探求新的工作原理和方法。

（2）开发：解决把研究成果应用于实际过程中所遇到的各种问题。

（3）设计：选择不同的方法和特定的材料，并确定符合技术要求和性能规格的设计方案，以满足结构或产品的要求。

（4）施工：包括准备场地、材料存放、选定既经济又安全并能达到质量要求的工作步骤，以及人员的组织和设备利用等。

（5）生产：在考虑人和经济因素的情况下，选择工厂布局、生产设备、工具、材料、元件和工艺流程，进行产品的试验和检查。

（6）操作：管理机器、设备，以及动力供应、运输和通信，使各类设备经济可靠地运行。

（7）管理及其他职能。

二、工程观

工程观是指支配活动进行的一种理念。理念就是理想的、总体的观念。各类工程活动都是自觉或不自觉地在某种工程理念下支配进行的。工程理念的内涵十分丰富，它凝聚并支配着工程系统观、工程生态观、工程社会观、工程伦理观和工程文化观等。

从人类历史发展的过程看，工程的“造物”活动始终贯穿在人类的历史活动中：原始时代，人们用来作为劳动工具的各种石器虽然谈不上有多高的技术水平，但毕竟也是经验的产物。古代，人们建造的金字塔、长城、水坝等建筑物已经显示了较高的技术水平，一些问题现代人至今也解释不了，成了永世之链；近代，工程活动丰富起来，土木、机械、矿冶、电机、化学、纺织等工程推动了经济的发展和时代的进步；现代，航天、生物、信息、环境等高科技含量的工程活动越来越多，使人们的生活方式和经济的增长模式发生了根本的改变。

（一）工程系统观

从辩证法关于普遍联系、相互作用的系统思想看来，工程本身是一个系统，它的构成要素是人、物料、设备、能源、信息、技术、资金、土地、管理等。工程与的外部环境（自然、经济、社会等）是一个包括工程在内的更大系统。当人们为了满足生存与发展需要进行工程活动时，不仅要考虑工程自身的系统，而且要考虑工程与外部环境构成的系统，从而扩充、深化现代的工程观研究的内容。

（二）工程生态观

马克思主义历来认为：在人类的一切活动中，自然界始终处在优先地位，“没有自然界，工人什么也不能创造”。据此，由于工程活动是人与自然界相互作用的中介，对自然、环境、生态都产生直接的影响，因而工程的生态观就要考虑生态规律的约束和生态环境的优化。工程与生态环境的协调与优化、生态技术、生态建设，是现代工程理念的首要内容。

（三）工程社会观

工程是人类有目的、有计划、有组织的活动，工程活动是由投资者、管理者、工程师、工人等参与和进行的社会性活动。因此，在工程活动中，不仅要有技术规范，而且要有法律、伦理、宗教、文化的规范。我们对工程的社会性、社会功能、公众理解等都要进行广泛、深入的研究。

（四）工程伦理观

工程是“造物”活动，因而在“新的存在物”的设计和创造中，工程师对工程目标、时间、地点、方法、途径等的选择起决定性作用。在选择过程中，除了科学、技术、经济的评价外，还需要伦理评价。在伦理观中最根本的是工程师应该自觉地担负起对人类健康、安全和福利的责任，将公众的安全、健康和福利置于至高无上的地位。这条基本原则的具体化是：质量与安全、诚实、公平和公正。

（五）工程文化观

工程是在一定的文化背景下进行的，因而工程活动、工程建构、工程建设必然反映它所处的时代文化，这主要体现在工程活动的主题与价值观方面。工程文化具有整体性和渗透性，可以突出工程中表现出来的民族精神、时代精神、地域特点、审美性质，工程文化对工程设计、工程实施、工程评价等都会产生重要影响。

三、可持续发展的工程观

工程活动是人类有组织、有目的、成规模的创造性实践活动，任何工程都需要一定的工程理念和工程观来指导。不同的工程理念也必然会影响工程的各个阶段、各个环节，如工程发展战略、工程决策、工程规划、工程设计、工程建设、工程运行及其管理等。

随着科技、社会、经济的不断发展，人类的认识水平不断提高，人们的工程理念和观念也发生着变化。总的来看，工程理念的发展经历了三个历史时代——听天由命、征服自然和天人和谐。

进入现代社会以来，我们把全面建设小康社会和构建社会主义和谐社会作为伟大任务，这势必要求我们改变传统的陈旧工程观念，树立可持续发展的工程理念，它的具体内容包括不同的层次和不同的方面，主要有以下几个原则：

（一）公平性原则

公平性原则是指机会选择的平等性，具有三方面的含义：一是指代际公平性。二是指同代人之间的横向公平性，不仅要实现当代人之间的公平，而且要实现当代人与未来各代人之间的公平。三是可持续发展，指人与自然，与其他生物之间的公平性。这是与传统发展的根本区别之一。各代人之间的公平要求任何一代都不能处于支配地位，即各代人都有同样选择的机会和空间。

（二）可持续性原则

可持续性原则是指生态系统受到某种干扰时能保持其生产率的能力。资源的持续利用和生态系统的可持续性是人类社会可持续发展的首要条件。可持续发展要求人们根据可持续性的条件调整自己的生活方式。在生态可能的范围内确定自己的消耗标准。因此，人类应做到合理开发和利用自然资源，保持适度的人口规模，处理好发展经济和保护环境的关系。

（三）和谐性原则

可持续发展的战略就是要促进人类之间及人类与自然之间的和谐，如果我们能真诚地按和谐性原则行事，那么人类与自然之间就能保持一种互惠共生的关系，也只有这样，可持续发展才能实现需求性原则。人类需求是由社会和文化条件所决定的，是主观因素和客观因素相互作用，共同决定的结果，与人的价值观和动机有关。可持续发展立足于人的需求而发展人，强调人的需求而不是市场商品，是要满足所有人的基本需求，向所有人提供实现美好生活愿望的机会。

（四）高效性原则

高效性原则不仅可以由经济生产率来衡量，而且可以根据人们的基本需求得到满足的程度来衡量。高效性是指人类整体发展的综合和总体的高效。

（五）阶跃性原则

随着时间的推移和社会的不断发展，人类的需求内容和层次将不断增加和提高，所以可持续发展本身隐含着不断从较低层次向较高层次的阶跃性过程。

伴随着经济建设的快速发展，我国正成为世界工程大国和最大的建设基地，三峡工程、南水北调、西气东输、青藏铁路、探月工程等都是大规模、超长期、高投入、高科技的现代工程活动。同时，一些现代工程对自然生态环境造成的巨大影响也日益显露出来。如城市地铁进不了火车站、三门峡水库工程竣工后很快被泥沙淤塞等，这就要求我们在重大工程项目建设中树立“可持续发展的工程观”。可持续发展的工程观区别于传统的、片面的、以经济利益为导向的工程观，这种工程观必须注重人与自然、社会的协调，强调工程的科技功能、经济功能、社会功能、文化功能及生态功能之间的互相协调。

目前，在一些重大工程的施工过程中已经注意到了这一点。如 20 世纪 60 年代修筑的西南铁路，由于施工时对山体进行了爆破，诱发了严重的泥石流。而现在青藏铁路的建设，对冻土、环境、生态保护在工程设计、施工中都加以了统筹考虑，采取了有力的措施，已经取得了很好的效果。

第二节　工程责任观

案例导读

伊利方舟工程

“伊利方舟工程”是由中国西部人才开发基金会、内蒙古伊利实业集团股份有限公司共同发起，展望发展学院承办的校园安全教育公益项目。该项目旨在通过一系列的专家培训、案例分析、实地考察，最终形成校园安全问题的全景调研报告并提出因地制宜的解决方案，从而帮助西部地区建立起适应性、可持续的校园安全建设模式。

长期关注青少年健康成长的伊利集团，一直为发展公益活动长期性、可持续性、平台化和辐射效应而做着不懈努力。伊利集团非常重视此项目所带来的校园安全实质性效果，秉承“先有安全，再有梦想”的公益理念，通过充分了解全国各地在儿童安全方面的现状、需求及初步探索形成的机制，于 2012 年 11 月，对西部 8 个省市区 11 个县区 55 名教育工作者进行为期 7 天的校园安全培训。通过专家讲解、案例解析、学员讨论、实际考察，系统全面地完成了对西部教育工作者的校园安全知识教育。期间，央视、东方卫视，以及电台、平面、网络等各大主流媒体进行了大量报道，引起了社会对校园安全的高度重视。

2013年3月，伊利集团再次携中国西部人才开发基金会、展望发展学院及相关专家走进接受培训的8省市区中小学校园，回访考察的首站为偏远的云南省昭通市大关县。此次回访，旨在实地深入考察各校校园安全工作落实情况，帮助建立适合当地实情的安全建设模式，以督促整个西部地区校园安全工作的陆续开展；并通过对安全示范校经验分享、留守儿童明信片首推及“我的方舟”多方会诊剖析会等形式全面落实校园安全回访调研工作，以更实际、更广泛、更直接的方式推动西部地区校园安全发展。与此同时，伊利方舟工程还配套了安全手册、安全读本、安全教具等公益产品。

2013年8月，“伊利方舟工程”第二期校园安全培训于上海开展，此次共召集西部6省7县的近百名校园工作者进行了为期7天的培训。通过第一期的经验积累，该期培训以主题讲座、案例教学、同行交流、定向考察、方案设计等活动为主，在加强学员间相互学习环节的基础之上，还针对频发的校园儿童性侵事件，开设了“性别教育”课程，以此帮助西部地区的教育工作者掌握校园安全防范知识。

2013年10月，“伊利方舟工程”走进内蒙古武川县，携手县消防中队为武川县第五小学的同学们带来了一场“逼真”的校园消防应急演练，并通过开展消防公开课和灭火实操演示分别教习师生消防知识和灭火器使用。与此同时，还为同学们带来装有阻燃头巾、安全雨衣、青蛙报警器、安全手册等物资的安全背包。

2013年11月8日，“伊利方舟工程”策划的“认识火灾学会逃生”校园安全教育活动在北京朝阳区垡头第二小学顺利举行，全校约700名学生在老师的组织下进行消防安全演练，并在消防官兵的指导下开展了“消防服着装”“接消防水枪”等消防技能对抗赛。

2013年11月9日，“伊利方舟工程”项目组马不停蹄走进黑龙江省哈尔滨市，带领孩子们在校园开展防震减灾课程，并携手哈尔滨市电梯协会专家、西子奥的斯电梯专家一起来到哈尔滨西站，通过专家讲解、课堂互动、现场体验等生动易懂的教学方式，把安全乘坐电梯的重要性和安全乘坐电梯知识教给了孩子们。

2013年11月21日，“伊利方舟工程”五峰行活动走进湖北宜昌五峰县三坪希望小学和五峰县实验小学，为千余名山区孩子带来一堂生动有趣的安全课，来自宜昌消防支队五峰中队的消防官兵们为孩子们讲授消防知识，并模拟开展了消防演习。此外，还有100个急救包、安全知识手册、鲜红的围巾在活动现场为孩子们发放。

2013年11月26日，“伊利方舟工程”走进北京朝阳区黑桥村红旗小学，开展“预防性侵害”校园安全教育活动，并携手北京红枫妇女心理咨询服务中心督导老师，为该校六年级学生普及预防性侵害知识。

2013年11月28日，“伊利方舟工程”走进陕西西安鱼化小学。西安消防支队搜犬中队的消防员和户外专家给800余名小学生带来了生动有趣的安全防范及自救常识课程，并为小学生们展示搜救犬演练，通过一系列户外知识教习让孩子们了解并掌握了在户外活动遇到危险时的自救措施。

“伊利方舟工程”还将继续扩大行动规模，逐步建立西部地区安全示范校，以点带面、全面辐射，带动学校、家庭、政府、社会多方参与西部校园安全建设，从而建立起持续、实效的西部校园安全机制。

工程责任观的落实主体是工程师，工程师是工程人才的重要组成部分，在工程建设中发挥着重要作用。工程师包括研发工程师、设计工程师、生产工程师等。一般把工程师定义为拥有科学知识和技术应用技巧，在人类改造物质自然界，建造人工自然的全部实践活动和过程中从事研发、设计与生产施工活动的主体。原中国工程院副院长朱高峰认为，现代工程师“应该能综合运用科学的方法、观点和技术手段来分析与解决各种工程问题，承担工程科学与技术的开发与应用任务。他所应具有的基本素质，包括知识、能力、品德三个方面”。

美国工程师协会提出工程师的五大基本准则：① 工程师在达成其专业任务时，应将公众安全、健康、福祉放在至高无上的位置优先考虑，并作为执行任务时服膺的准绳。② 应只限于在足以胜任的领域中从事工作。③ 应以客观诚实的态度发表口头或书面意见。④ 应在专业工作上，扮演雇主、业主的忠实经纪人、信托人。⑤ 避免以欺瞒的手段争取专业职务。我国台湾的“中国工程师协会”提出了四大“中国工程师信条”：一是工程师对社会的责任：守法奉献，尊重自然；二是工程师对专业的责任：敬业守分，创新精进；三是工程师对雇主的责任：真诚服务，互信互利；四是工程师对同僚的责任：分工合作，承先启后。

工程师作为工程活动的主体，在工作过程中会遇到各种伦理问题。责任通常与某个特定的职位或机构相联系，指分内应做的事或由于没有做好而应当承担的过失。伦理责任的含义是指人们要对自己的行为负责，该行为是可以答复和解释说明的。相对于法律责任而言，伦理责任具有前瞻性，它是一种以善与恶、正义与非正义、公正与偏私、诚实与虚伪、荣誉与耻辱等作为评判准则的社会责任。从哲学角度讲，责任和因果性紧密联系在一起。责任的最一般、最首要的条件是因果力，即我们的行为都会对世界造成影响；其次，这些行为都受行为者的控制；再次，在一定程度上工程师能预见后果并可以按自由意志来行动。然而，事物之间的因果关系是错综复杂的，往往不是简单的单向线性关系。一个原因可能产生多种结果，一种结果也可能由多种原因共同造成。因此，讨论责任不是一件简单的事。在当今的大科学时代，科学技术渗透在社会的各个领域，科学家和工程师不仅人数众多而且常常参与社会的重大决策和管理，因此，工程师的伦理责任已成为一个不容忽视的话题。

现代工程活动使工程师扮演了一个极其重要的角色，工程自身的技术复杂性和社会联系性，必然要求工程师不仅精通技术业务，能够创造性地解决有关技术难题，还要善于管理和协调，处理好与工程活动相连的各种关系。最重要的是，工程活动对社会和环境越来越大的影响要求工程师突破技术眼光的局限，对工程活动的全面社会意义和长远社会影响建立自觉的认识，承担起全部的社会责任。因此，现代工程要求工程师除具备专业技术能力外，还要具备在利益冲突、道义与功利矛盾中做出道德选择的能力，除了对工程进行经济价值和技术价值判断外，还必须对工程进行伦理价值判断；除了具备专业技术素养外，还应具备道德素养；除了对雇主负责外，还要对社会公众、环境以及人类未来负责。

按照美国著名技术哲学家卡尔·米切姆的观点，工程伦理中关于工程责任的思想主要有两种明显的观点：第一种强调忠于公司，第二种则强调社会责任。①

一、忠于公司

这种观念认为，工程师的基本义务是对机构忠诚，对雇主负责。为什么把忠诚规定为工程师的首要责任呢？主要有两个理由。其一，工程师是一个相对较晚才出现的职业，在起草伦理准则时难免会模仿医生、律师等更早的

① 张永强，姚立根．工程伦理学［M］．北京：高等教育出版社，2014．

传统职业的做法。这两种传统职业的活动特点是直接与客户打交道，对第三者及公众影响不大。工程师在其刚刚诞生的时候，规模、力量都不大，也对客户以外的局外人没有造成什么影响。所以，工程伦理没有涉及第三方或社会的责任问题。

其二，与当时的习惯观点有关，即认为工程是科学的应用，是造福人类的事业，技术上取得进步就等于社会取得了进步。所以，没有考虑工程对社会产生的负面影响的责任问题。美国技术史学家莱顿在对工程定义的历史研究中考虑了这一点。

忠诚历来被认为是一种美德，因此对于工程师接受服从和忠诚的原则，我们不能否定其正当性的一面。但是，任何忠诚都是有限度的，服从也要看服从的对象是否合理合法，不能让忠诚和服从成为从事罪恶行为的借口。例如，第二次世界大战期间，纳粹德国工程师研制修建的大规模屠杀犹太人的毒气室、焚尸炉，从人的尸体中回收贵重金属，如从金牙中回收金子，这种行为无疑是不能容忍的。工程师不能以其是在执行上司的命令为理由，推脱责任。所以，经过第二次世界大战后，关于忠诚的观念发生了很大的变化。人们认识到，服从不能对所有的命令都一概而论，应该只服从那些合法的或正义的命令。医生和律师必须对患者和客户忠诚，工程师也要对雇主忠诚，但这些忠诚都要遵循上述限度，超出限度都是不合理的。

二、社会责任

第二次世界大战爆发以后，工程活动的负面效应日益显著。在第二次世界大战期间，纳粹德国的科学家和工程师制造了毒气室和威力更大的杀人武器，美国人用原子弹轰炸了日本的广岛和长崎，这些事实使人们对技术统治论的幻想破灭。此后，核武器、生化武器和远程导弹等军事科学技术的发展，使战争更加残酷。这些科学技术和工业的极度扩张，对生态环境的安全构成极大威胁。所以，在二战后，20 世纪 50 年代和 60 年代爆发了反对核武器的和平运动，在 60 年代和 70 年代兴起了消费者运动和环境运动。一些工程师重新反思国家目标、企业商业目标及其工程自身价值，新的工程伦理责任观念产生了。

在美国，这种转变的标志是 1947 年美国工程师专业发展委员会 ECPD（即工程和技术认证委员会 ABET 的前身）起草了第一个横跨各个工程学科领域的工程伦理准则，它要求工程师“使自己关心公共福利”。1963 年和 1974 年的两次修改又进一步强化了这个要求。现在，这个伦理准则的“四个基本原则”中的第一个原则就要求工程师利用其掌握的知识和技能促进人类福利，第七条“基本守则”中的第一款就规定，工程师应当将公众的安全、健康和福利置于至高无上的地位。

现在的工程伦理准则要求工程师把对公众负责放在首位很有道理，因为工程师的行为影响到社会活动的多个环节。工程技术多是在生产环节使用，但其产品最终要进入消费环节以实现价值，所以工程活动的作用和影响对象除了工厂内部外，还有工程产品的最终使用者，即消费者、广大公民。所以，社会责任尤为重要。

我们在强调工程责任的第三种观念即社会责任的同时，也要注重它和前两种观念的结合。也就是说，工程师还应当保持忠诚，在技术发展方面的领先作用也应当得到保留，但这些必须以对公众整体的福利负责为限，必须首先服从于公共福利。现在，社会责任观念已经被工程专业团体广泛接受和采用。

从以上以美国为代表的发达国家的工程责任观念演变的历史，我们可以得到这样的启示：工程活动应在实现其正面的、预期效果的同时，正视可能出现的负面的、超出预期之外的效应。工程师应该在自己的责权范围之内从事工程活动，始终把为人类造福作为最高责任，处理好同社会各方主体的关系。工程师应不断增强责任意识，在做好工程工作的同时，也不能否认、推卸自己应负的责任。

第三节　工程技术与责任

案例导读

人类走向文明的新时代！新技术革命——时代进步的领者

现代生产迅速发展的需要，以及人类现代文明发展的多方面需要，是现代高新技术产生和发展的根本动力。自然科学的巨大成就为现代高新技术的产生奠定了理论基础。战争和国家间的对抗，是刺激高新技术产生和发展的一个重要因素，推动高新技术革命的产生和迅速发展。

从20世纪40年代末起，开始了以电子计算机、原子能、航天空间技术为标志的第三次科学技术革命。这场新科技革命发源于美国，而后迅速扩张到西欧、日本、大洋洲和世界其他地区，涉及科学技术各个重要领域和国民经济的一切重要部门。

从20世纪70年代初开始，又出现了以微电子技术、生物工程技术、新型材料技术为标志的新技术革命。第三次科学技术革命，是在20世纪自然科学理论最新突破的基础上产生的。

目前，国际上公认的并列入21世纪重点研究开发的高新技术领域，包括信息技术、生物技术、新材料技术、新能源技术、空间技术和海洋技术等。

(1) 信息技术主要指信息的获取、传递、处理等技术，包括微电子技术、计算机技术、通信技术和网络技术等。在新技术革命中，信息技术处于核心和先导地位。

(2) 生物技术是应用现代生物科学及某些工程原理，将生物本身的某些功能应用于其他技术领域，生产供人类使用的产品的技术体系。现代生物技术主要包括基因工程、细胞工程、酶工程、发酵工程和蛋白质工程。生物技术被认为是有可能改变人类未来的最重大的高新技术之一。

(3) 新材料技术主要研究新型材料的合成。新材料技术在高新技术中处于关键地位，高新技术的发展紧密地依赖于新材料的发展。

(4) 新能源技术主要进行新能源的研究和开发，从多方面探寻发展新能源的途径。目前正在研究开发的新能源主要有核能（原子能）、太阳能、地热能、风能、海洋能、生物能、氢能等。

(5) 空间技术又称航天技术，通常指人类研究进入外层空间、开发和利用空间资源的一项综合性工程技术，主要包括人造卫星、宇宙飞船、空间站、航天飞机、载人航天等内容。空间技术，是现代科学技术和基础工业的高度集成，体现了一个国家的综合实力。

(6) 海洋技术包括进行海洋调查和科学研究、海洋资源开发和海洋空间利用，涉及许多学科和技术领域，主要包括海底石油和天然气开发技术、海洋生物资源的开发和利用、海水淡化技术、海洋能发电技术等方面。

新技术革命对社会的影响是多方面的，如信息技术对改变整个人类社会的面貌起了重要的作用。计算机网络和信息高速公路的建立，将整个世界变成了地球村。又如，新材料技术的每一次重大突破，将加速社会发展的进程；生物技术的进展，使人类获得了主动创造新生物和新生命的创造力。

新技术革命对经济的影响主要表现在两方面：一方面，新技术革命促进了社会生产力的发展。新技术革命通过对社会生产力各要素的变革，充分体现了科学技术是第一生产力。另一方面，新技术革命使产业结构发生了重大变化。新技术革命推动了传统产业部门的改造，使知识技术密集型产业迅速崛起，并且推动了第三产业迅速发展。

新技术革命不仅带来了人类生活方式的现代化，还引发了人们观念和思维方式的更新。新技术革命为人类生活提供了先进而高质量的物质条件。新技术革命的成果还对人类的传统观念带来巨大的冲击，对人类的未来观和传统的伦理观提出了新的挑战。与此同时，人们思维方式的改变、视野的拓宽使人类更加重视创造性思维，富于创新精神。

在新技术革命的进程中，要懂得把握时机，充分利用科学和技术的伟大力量进行精神文明和物质文明的建设，从而使人类走向文明的新时代。

一、工程技术与责任的关系①

近现代以来，随着科学技术的发展、人类掌握的知识在不断增长，人的行为的性质也发生了很大的变化。人的能力和力量增强了，人们行为的目的与结果之间的联系也变得复杂多了，工程技术与责任的相互关系也随之发生了新的深刻变化。

（一）科技成为强势力量，存在排拒伦理的倾向

随着时代的进步，科学技术得到了迅速的发展，尤其是信息科技和生命科技。当今，谁都无法否认现代科技已广泛渗透到社会生产和生活的各个领域，成为最重要的社会活动和社会力量之一。“知识经济”的提出和成长便是令人信服的例证。“知识就是力量”，培根的这一名言已化为活生生的现实。这种状况，有力地推动着伦理观念的变革。比如，网络的出现和普及，唤醒了人们的参与意识、平等意识；人类基因组的解码，使人们更加注重基因隐私和歧视。这一面无疑应充分肯定，也是学界讨论较多的。不过，还有往往容易被忽视的另一面，即排拒伦理的倾向。现代科技出于其强势地位，似乎伦理道德等其他文化都要以它为标准，跟随它甚至服从它。最典型的，莫过于“凡技术上能够做到的就应该去做”的所谓“技术至上命令”。在“克

① 资料来源：朱葆伟．科学技术与伦理责任［R］．武汉：华中科技大学，2005．

隆人”之争中，也有人搬出“技术至上命令”，认为伦理根本不是科学的对手，不可能阻挡科学进步的步伐，至多只是设置一些障碍。当然，多数人并不这样极端，但觉得伦理规范“碍手碍脚”，担心影响科学发展的恐占相当比例。

（二）科技负面效应显现，需要伦理规范

培根在提出“知识就是力量”的同时，还在《新大西岛》中描绘了一幅科技铸就的人间天堂胜景。在那里，“所罗门研究所”的贤人们运用科学技术，使人人都过着富足且健康幸福的生活。长期以来，我们像新大西岛的公民那样普遍相信，科学技术酿出的尽是有益于人的琼浆玉液，只有造福人类的一面，而不会有危害人类的另一面。然而，近几十年的诸多事件却一而再再而三地击破了新大西岛的乌托邦。“科学技术是一把双刃剑”广为流传。这一说法很形象，易于被公众记住和接受。朱葆伟先生更欣赏波普尔引证过的一句话：“科学进展是悲喜交集的福音，很少例外。”这意味着，科学技术总体上是福音，其正面的有利于人类的效应是主要的基本面。但同时，只要科学技术迅速发展和广泛应用，就不可避免地既有造福人类的一面，又有危害人类的一面。祈求科技只有积极的正面效应，而没有消极的负面效应，是不现实的。信息科技的发展和普及使信息交往更为快捷、透明，同时，个人隐私的空间也缩小了，受到侵犯的可能性提升了。同样，克隆技术、基因技术的发展和应用，使我们有可能治愈许多疑难杂症，重组出有各种优异性状的动植物，但也可能引发基因歧视，制造出威胁人类的“超级生命”，或者把人本身变成产品、商品。

既然科技的负面效应显现出来了，伦理当然要出来扮演重要的角色，以规范科技，更好地为人类造福，并防止和减小其负面效应。早在 20 世纪 70 年代初，基因重组技术的开拓者之一、美国斯坦福大学教授保尔·伯格就敏锐地觉察到，有可能重组出抗抗生素的“超级细菌”，从而危害人类。于是他果断建议暂停基因重组实验，制订确保基因重组安全的规范。90 年代启动的人类基因组计划也明确规定，必须同时进行相关的伦理、法律和社会影响研究。这些科学史上从未有过的事例启示我们，科技伦理是内在自生的，而不是外部强加的。这一点很重要，说明不管如何排拒，伦理是不应该也不可能被排拒的。

（三）科技专家角色多样化，肩负重大社会责任

爱因斯坦曾说，在科学的庙堂里有各种各样的人，其中最受上帝宠爱的

是少数毫无功利动机、一心一意探索真理的人。科学家曾被普遍认为是关在实验室里只同瓶瓶罐罐打交道的“象牙塔”中的人。追求真理是他们唯一合法的目标，关心应用倒有失身份，甚至被认为“脱下了科学家的帽子”。然而，科学技术的迅速发展和广泛应用，不仅使科学与技术紧密联系起来，而且使科技同政府、企业、市场紧密联系起来，成了政府行为、商业行为等。

与此相适应，科技专家的角色多样化了，或者形象地说，他们头顶的“帽子”多了。他们要向政府、企业或基金会等争取项目和经费，要关心知识成果如何转化为专利、产品。他们可能是政府或企业的雇员，或者企业的股东、老板，也可能是知本家或资本家。这样，在科学庙堂里像爱因斯坦、居里夫人那样“纯粹”的科学家可能更少了，而关注功利也成了“合法的目标”。随着科技专家角色的多样化，不可避免地会出现种种利益冲突。对于同一件事，例如转基因作物，由于角色不同，有的科学家竭力支持，有的则坚决反对。同一保健品，有的科学家说得花好稻好，捧上了天；有的则认为一无是处，假冒伪劣。在日本水俣病事件和围绕蕾切尔·卡逊《寂静的春天》的争论中，有的科学家受雇于人，否认重金属废水和农药对环境的污染，扮演了很不光彩的角色。因此，如何使科技更好地为人类造福，科技专家肩负着重大的社会责任；而要担此重任，就必须坚守伦理的底线，不囿于一己之私利。罗素、爱因斯坦等名流之所以要发表宣言，就是因为人类面临核战争的威胁，科学家要勇于承担自己的社会责任。承担社会责任，正是“学会用新的方法来思考”的主要旨趣。

二、学者观点

德国著名技术哲学家 H. 伦克指出，在历史上，人类从来没有像现在这样掌握如此巨大的力量和能量，这都是技术及技术进步的结果。技术不再是简单的工具，它已经成为改造世界、塑造世界、创造世界的重要因素，因此，对技术进行伦理反思十分重要。技术伦理学的核心问题就是责任的问题。伦克具体指出了使责任伦理问题凸显出来的当代技术领域新出现的 6 个变化趋势：① 技术措施及其副作用影响的人数剧增；② 自然系统开始受到人类技术活动的干扰甚至支配；③ 人本身也受到技术的控制，不仅通过药理作用，通过大众媒体对潜意识造成影响，而且潜在地受到基因工程的影响；④ 信息技术领域里的技术统治趋势加强；⑤“能够意味着应当”的“技术命令”大行其道；⑥ 我们对人类及自然系统的未来具有重大的影响力。

英国学者引述阿克顿勋爵（Lord Acton）的名句“绝对的（不受制约的）权力（力量）导致腐败”时指出，技术也是这样一种力量，所以迫切需要研究技术的责任问题。德国学者齐默里（W. Ch. Zimmerli）总结说，只要当代技术哲学框架里的伦理争论不仅仅是意志的表达，而且还是伦理性争论，都有两个特点：① 几乎所有学者都同意，在讨论新的技术形式的框架内，伦理应当发挥决定性的作用；② 几乎所有学者都同意，新的伦理学必须——就像韦伯所提出的，不再是道义论伦理（deontological ethics），而是关于责任的目的论伦理（telelogical ethics of resposibility）。

我国学者甘绍平也明确指出，在应用伦理学的诸多领域中，科技（工程）伦理是与责任概念联系得最为紧密的一个领域。可以说，工程伦理的核心问题就在于探寻工程师在其工程营建的过程中，是否以及在何种程度上涉及责任伦理问题。

第四节　信息化时代的责任与挑战

案例导读

技术时代的伦理：困境与抉择①

随着近代以来技术与科学的联姻，技术的力量越发强大，但人类在通过技术对自然进行改造的同时，自身也发生了种种变化，原先人与人、人与自然的伦理学不得不加入技术的维度，一种面向新时代的伦理学呼之欲出。在此时代背景下，2019 年 9 月 26—28 日，《中国社会科学》编辑部、华中师范大学马克思主义学院和湖北省伦理学学会联合主办的“第四届中国社会科学伦理学专家高端论坛”在华中师范大学召开，来自全国 10 余所高校和科研院所的 30 余位知名专家、学者参加了此次论坛。论坛以“技术时代的伦理：困境与抉择”为主题，分设“技术时代与‘人’的再发现”“技术时代的新伦理问题”“技术时代

① 张卫. 技术时代的伦理：困境与抉择——第四届中国社会科学伦理学专家高端论坛在武汉举行［J］. 中国社会科学网—中国社会科学报，2019 - 11 - 12.

的人工智能伦理问题”“技术时代的信息技术伦理问题”“技术时代的社会治理问题”“技术时代的科技伦理学”“技术时代的生命科学伦理问题”七个板块。与会专家围绕这些专题发表了真知灼见，并展开了深度交流，整个研讨会闪动着思维火花的碰撞。各位专家学者的学术观点思想丰富、内涵深刻，不论在理论上还是在实践上，都具有十分重要的意义。

在“技术时代与‘人’的再发现”板块，邱仁宗研究员探讨了公共电视台播放酒精饮料广告能否在伦理学上得到辩护的问题，认为公共电视台播放酒精饮料广告不能够在伦理学上得到辩护，应禁止在公共电视台播放酒精饮料广告。李宏伟教授从“人之为人”的视角对技术伦理进行了反思，主张技术伦理研究的“外在进路”与“内在进路”应协调共进。韩东屏教授探讨了科技对道德走向的作用，认为科技对道德既没有促进作用，也没有促退作用，只呈中性意义。

在“技术时代的新伦理问题”板块，陈爱华教授对技术的物性与德性的关系问题进行了探讨，指出技术时代伦理困境的本质是技术的物性与德性的异化和失衡。王淑芹教授对人工智能的伦理向度进行了反思，认为深入探究人工智能技术的“是”与“应该”、“道义”与“功利”、“自由”与“责任”的关系，是发挥好伦理学价值规范与引领作用的理论基础。陈俊教授探讨了技术时代的气候伦理，指出气候伦理充分展现了当代人类社会所面临的道德困境，在全球层面、代际层面和个人层面都存在诸多矛盾。

在“技术时代的人工智能伦理问题”板块，龚群教授探讨了人工智能与道德行为者的关系，认为目前的弱人工智能还不能称为道德行为者，但在未来人机共处的世界中，人类个体和机器人应该享有平等的尊严。杨庆峰教授从人工智能难题出发对 AI 伦理原则进行了反思，认为发出 AI 伦理的中国声音从根本上还要从应对人工智能发展面临的难题入手。田海平教授主张，人类在算法的控制权上保持审慎是避免伤害的明智选择，也是在技术发展面前维护人类尊严的底线。殷筱教授主张，人工智能伦理问题的研究应严格区分强人工智能和弱人工智能，弱人工智能因为意识与自主性的缺失，所带来的伦理问题不具备领域特殊性。只有具有意识和自由意志的强人工智能所带来的相关伦理问题才值得我们警惕。

在“技术时代的信息技术伦理问题”板块，段伟文研究员对社会计算的认知价值进行了审度并给出了相应的伦理调适方案，认为社会计算是事实与价值相互纠缠的技术化科学，其中存在着干预权、无知之幕、自我纠错、量化自我等诸多伦理问题，需要对这些问题进行具体的分析，给出有针对性的伦理应对方案。王天恩教授称，如果把解释世界的哲学称为“释世哲学”，那么创构世界的哲学则是“造世哲学”，造世哲学最为凸显的特征是其伦理维度，从“上帝之眼”到“上帝之手”的转变使得人类的伦理地位发生了根本改变。李伦教授指出，共享伦理是信息时代的精神。共享伦理不是以“数”为本的数据主义，而是以“人”为本的数据伦理。杨怀中教授对构建网络空间命运共同体的伦理之维进行了分析，指出网络空间命运共同体不仅具有深刻的政治内涵，也具有丰富的伦理意蕴。

在“技术时代的社会治理问题”板块，李伟教授探讨了人工智能的底线伦理，认为这关系到人类的命运和未来。如果人类失去这一底线就会导致人类的末日。张卫副教授对技术在规约人类行为上的作用进行了探讨，把利用技术来规范个人行为的机制称为“物律”，并对“物律”的历史、学理依据与伦理意义、作用机制与特点，以及所引发的社会风险和伦理争议进行了分析。

在“技术时代的科技伦理学”板块，江畅教授对高科技时代的人类自律问题进行了探讨，认为人类不让自己制造的高科技伤害和毁灭的唯一出路是自律，而建立有效的人类自律，需要改变和完善人类现行的市场经济模式及国家治理模式。龙静云教授提出，新责任伦理是技术时代美好生活的重要保障，新责任伦理的核心是责任，基本要义是以信念内化责任，以德性驱动责任，以发展落实责任。王国豫教授对技术伦理学的概念、定位和研究路径进行了分析，认为一个技术伦理学的理论是否能够得到认可，关键在于它是否能够找到一个既克服多元社会价值观的分歧，又能够把握和应对现代技术带来的风险的理论模型。任丑教授探讨了高新技术时代的应用理智德性，指出应用理智德性是理智综合把握、运用科学技术，在认知与实践相统一的人类历史进程中，追求平等、自由和尊严的伦理德性。

在“技术时代的生命科学伦理问题”板块，雷瑞鹏教授以生殖系基因组编辑为例，对“我们对未来世代负有义务吗”这一问题进行了讨论，对反对立场的谬误进行了批判，对支持立场的论证进行了辩护。李建会教授就反对胚胎基因编辑的伦理争议进行了讨论，并分析比较了桑德尔的天赋伦理学和儒家伦理学关于胚胎基因设计的异同。高杨帆副教授从正义论的视角对定制婴儿问题进行了探讨，认为在对技术应用前景并不明确的情况下采取全盘否定的态度并不可取，伦理学应对定制婴儿技术制定完善的伦理规范，并采取积极、审慎的态度对科学研究及实际应用做出不同的伦理要求。

（作者单位：华中师范大学马克思主义学院）

习近平同志指出，当前，以互联网、大数据、人工智能为代表的新一代信息技术日新月异，给各国经济社会发展、国家管理、社会治理、人民生活带来重大而深远的影响。现代信息技术的深入发展和广泛应用，深刻改变着人类的生存方式和社会交往方式，深刻影响着人们的思维方式、价值观念和道德行为。① 下面围绕信息时代的伦理变革、信息时代的伦理进步、信息时代的道德风险、应对信息时代风险的道德原则展开论述。

一、信息时代的伦理变革

信息化正在广泛而深刻地影响和改变着人类社会，它不仅对人类引以为荣的智能唯一性发出有力挑战，而且有可能动摇人类的道德主体地位。

目前，智能机器已获得深度学习能力，可以识别、模仿人的情绪，能独立应对问题等。那么，智能机器能否算作“人”？人与智能机器之间的关系应当如何定位、如何处理？智能机器应当为其行为承担怎样的责任？智能机器的设计者、制造者、所有者和使用者又应当为其行为承担怎样的责任？人们会不会设计、制造并使用旨在控制他人的智能机器？这样的情况一旦出现，人类将面临怎样的命运？这一系列问题关乎人伦关系的根本性质和价值基础，也关乎人类的终极命运。

在传统意义上，人与物的关系是主体与客体的关系。信息时代，人工智能创造物已不仅仅是技术化的工具，而是越来越具有类似于人类思维的能力，甚至在某些方面具有超越人类思维的能力。可以说人与人工智能创造物的关系，既不是主体与客体之间的关系，也不是主体之间的关系，而是一种主体与类主体之间的关系。例如，倘若自动驾驶汽车出了交通事故，该由谁承担责任？面对诸如此类的问题伦理学应该如何确立“伦”与“理”？从伦理学角度看，当大数据和人工智能的发展改变甚至颠覆人类活动的主体地位时，传统伦理就会发生解构，具有排他性主体地位的伦理时代就可能结束。

① 资料来源：曾建平．信息时代的伦理审视［N］．人民日报，2019－07－12，09 版．

二、信息时代的伦理进步

信息技术已渗透到人们的日常生活中，也深度融入国家治理、社会治理的过程中，对于实现美好生活、提升国家治理能力、促进社会道德进步发挥着越来越重要的作用。

信息化深入发展有助于改善政府部门与人民群众的关系。比如，在政务服务领域，各地积极推进“互联网＋政务服务”，推出“最多跑一次”事项清单，甚至部分事项“一趟不用跑”，打通政务服务的“最后一公里”，实现“让数据多跑路、让群众少跑腿”，不断增强人民群众的获得感、幸福感、安全感。又如，在反腐败领域，各地探索运用互联网、大数据和信息化手段，通过微信、微博、手机客户端等新媒体，让失德官员无处躲藏，权力运行更加阳光。

信息化深入发展为最大程度实现社会公平提供技术条件。例如，在教育领域，信息技术打破时空藩篱，让即便身在地球两端的学生也能同上一堂课；打破城乡壁垒，让农村孩子有机会与城里孩子享受到同等的教育资源；打破线上线下界限，让学习无处不在、课堂互动“永不下线”，进一步促进优质资源共享和教育公平。

信息化深入发展扩大社会交往，提出更高的伦理道德要求。传统的社会交往主要局限于相对狭小的熟人范围，人们之所以遵守伦理道德很大程度上是因为相对狭小的熟人圈子中无所不在的外在监督，并且一些人对伦理道德的信守主要局限于相对狭小的熟人圈子，对圈子之外的人则未必守信。现代社会交往日益突破传统的熟人交往范围，建基于强大信息技术的互联网进一步打破传统交往的时空限制，使之成为普遍性的社会交往。这就要求人们具备更高程度的道德自律、更高程度的宽容与尊重，从而促进形成以普遍的诚实、守信为价值基础的现代社会公德。

互联网是一个实时、动态、开放的社交平台，各种悖德行为一旦曝光，就会在很短时间内遭到广泛的舆论谴责，在使悖德行为者承受压力的同时，也会让更多人受到潜移默化的教化。尤其是自媒体的广泛兴起，让人们随时随地能将身边的人和事拍摄下来发到网上，更广泛有效地发挥社会舆论的监督、谴责与教化作用。

信息化的深入发展使包括身份信息和行为信息在内的各类信息变得更透明、更对称、更完整，大大提升了对悖德行为乃至违法犯罪行为的防控、识别、监督、追究与惩处能力。例如，居民身份证存储着个人信息并实现全国联网，入住酒店、乘坐交通工具、购置房产，以及其他一些有必要知晓行为人身份的行为或业务往来，都要求提供身份证明；政府部门借助发达的网络和信息传递技术，广泛而及时地向社会公布、推送失信人或其他违法犯罪分子的相关信息；重要公共场所安装高清摄像头，有的场所则配置更为先进的人脸识别技术。这使得悖德行为者及违法犯罪分子处于无所不在的监控之下而无处遁形，促使人们更审慎地权衡利弊并尽可能地减少、规避失信行为或其他违法犯罪行为，有效维护、巩固和增进以诚信为基础的主流伦理道德。

三、信息时代的道德风险

在可以预见的将来，人工智能将重塑生产力、生产关系、生产方式，重构社会关系、生活方式。

实际上，人工智能算法带来的歧视隐蔽而又影响深远。信息的不对称、不透明，以及信息技术不可避免的知识技术门槛，客观上会导致并加剧信息壁垒、数字鸿沟等违背社会公平原则的现象与趋势。如何缩小数字鸿沟以增进人类整体福利、保障社会公平，这是一个具有世界性意义的伦理价值难题。

信息技术在加速大数据传播、搜集、共享的同时，也为一些国家或组织利用网络霸权干涉别国内政或实施网络攻击提供了漏洞和暗网，严重威胁国家主权和安全。因此，防范数据霸权是信息时代维护国家主权的重要内容。

互联网时代出现的一些现象和趋势，应当引起高度重视。例如，有些人沉迷于网络虚拟世界，厌弃现实世界中的人际交往。这种去伦理化的生存方式，从根本上否定传统社会伦理生活的意义和价值，放弃自身的伦理主体地位，以及相应的伦理责任担当，已经触及价值观念基础这一更为根本的层面。

四、应对信息时代伦理风险的道德原则

习近平同志强调："要整合多学科力量，加强人工智能相关法律、伦理、社会问题研究，建立健全保障人工智能健康发展的法律法规、制度体系、伦理道德。"面对信息技术的迅猛发展，有效应对信息技术带来的伦理挑战，需要深入研究思考并树立正确的道德观、价值观和法治观。从整体上看，应对信息化深入发展导致的伦理风险，应当遵循以下道德原则：

（一）服务人类原则

要确保人类始终处于主导地位，始终将人造物置于人类的可控范围之内，避免人类的利益、尊严和价值主体地位受到损害，确保任何信息技术特

别是具有自主性意识的人工智能机器持有与人类相同的基本价值观。始终坚守不伤害人类自身的道德底线，追求造福人类的正确价值取向。

（二）安全可靠原则

新一代信息技术尤其是人工智能技术必须是安全、可靠、可控的，要确保民族、国家、企业和各类组织的信息安全、用户的隐私安全，以及与此相关的政治、经济、文化安全。如果某一项科学技术可能危及人的价值主体地位，那么无论它具有多大的功用性价值，都应果断叫停。对于科学技术发展，应当进行严谨审慎的权衡与取舍。

（三）以人为本原则

信息技术必须为广大人民群众带来福祉、便利和享受，而不能为少数人所专享。要把新一代信息技术作为满足人民基本需求、维护人民根本利益、促进人民长远发展的重要手段。同时，保证公众参与和个人权利行使，鼓励公众提出质疑或有价值的反馈，从而共同促进信息技术产品性能与质量的提高。

（四）公开透明原则

新一代信息技术的研发、设计、制造、销售等各个环节，以及信息技术产品的算法、参数、设计目的、性能、限制等相关信息，都应当是公开透明的，不应当在开发、设计过程中给智能机器提供过时、不准确、不完整或带有偏见的数据，以避免人工智能机器对特定人群产生偏见和歧视。

>>> 本章小结

工程是数学、物理学、化学，以及由此产生的材料科学、固体力学、流体力学、热力学、输运过程和系统分析等。工程观是指支配活动进行的一种理念。理念就是理想的、总体的观念。各类工程活动都是自觉或不自觉地在某种工程理念下支配进行的。进入现代社会以来，我们把全面建设小康社会和构建社会主义和谐社会作为伟大任务，这势必要求我们树立可持续发展的工程理念。

工程责任观的落实主体是工程师，工程师是工程人才的重要组成部分，在工程建设中发挥重要作用。工程伦理中关于工程责任的思想主要有两种明确的观点：第一种强调忠诚于公司，第二种则强调社会责任。近现代以来，随着科学技术的发展和人类掌握知识的不断增长，人的行为性质也发生了很大的变化，工程技术与责任的相互关系也随之发生了新的深刻变化。

当前，以互联网、大数据、人工智能为代表的新一代信息技术日新月异，给各国经济社会发展、国家管理、社会治理、人民生活带来重大而深远的影响。现代信息技术的深入发展和广泛应用，深刻改变着人类的生存方式和社会交往方式，深刻影响着人们的思维方式、价值观念和道德行为。

案例分析

中国供应商员工因工作环境致病事件

苹果 iPad、iPhone 在中国热卖，但 137 名苹果中国供应商员工，却因暴露在正己烷环境，健康遭受不利影响。苹果公司 15 日发布 2010 年的供应链管理报告，首次公开承认中国供应链致残员工。

1. 回放：环保组织质疑苹果

2010 年，有 36 家国内环保组织为促进 IT 产业解决污染问题，与 29 个 IT 品牌进行多轮沟通。其中，《IT 行业重金属污染调研报告（第四期）苹果特刊》，对苹果的供应链职业安全、供应链环境保护、供应链员工权益和尊严提出质疑，敦促苹果公司公布供应链信息，对苏州联建科技公司和运恒五金公司员工的正己烷中毒做出回应。

此前，苹果公司一直采取回避策略。

2. 表态：苹果承认有“毒”

2010 年 2 月 15 日，苹果公司公布了 2010 年供应商责任进展报告，首次做出回应。

这份供应商责任进展报告长达 25 页，专门用一章对于正己烷的使用进行说明：“2010 年，我们了解到，在苹果公司供应商胜华科技苏州工厂（即联建科技），有 137 名工人因暴露于正己烷环境，健康遭受不利影响……我们要求胜华科技停止使用正己烷，并提供证据证明已经将该化学品从生产线上撤下。还要求他们修复通风系统。自采取上述措施以来，再无工人因化学品暴露受到伤害。”

与此同时，苹果公司表示，已查实所有受到影响的员工均已成功得到治疗，“我们会继续检查工人们的病历，直到他们完全康复。胜华电子已按照中国法律的要求为患病工人和康复期的工人支付了医药费和伙食费，补发了工资。137 名工人中的大部分已经返回该工厂工作。”

3. 进展：部分员工被迫离职

记者了解到的情况，与苹果报告有出入。137 名工人中，部分员工正在遭受被迫离职的压力。

记者电话采访了联建科技受害员工贾景川和胡志勇。贾景川介绍说，2010 年 2 月 11 日中午 11 时，他接到公司专门负责联建中毒员工主管的电话，得知鉴定结果为职业病九级。但与此同时，该主管问他什么时间离职，因为“不离职得不到公司的赔偿”。贾景川 2007 年 5 月进入联建科技，2009 年 8 月查出正己烷中毒入住苏州市五院治疗。出院至今，手脚出汗、麻木，晚上腿痛、抽筋等症状仍在出现。

根据《中华人民共和国职业病防治法》，用人单位不得清退受害员工。贾景川坚持要在公司继续工作：“我害怕我的病情继续恶化，如果现在离开公司，自己的身体健康得不到任何保障。”胡志勇则被鉴定为十级伤残，他也表示，此前公司给予一些治疗，认为他已经治愈，但他并不想离职。他也坦诚，目前公司工作环境有所改善，他们工作一段时间后，可到屋外通风休息。

问题：

（1）如何看待苹果的中国供应链致残员工？

（2）从信息化时代的责任角度分析该公司的经营行为。

思考题

1. 什么是工程？什么是工程观？简述可持续发展工程观的基本原则。

2. 简述工程伦理中关于工程责任思想的主要观点。

3. 简述工程技术与责任的关系。

4. 应对信息化时代伦理风险应当遵循哪些道德原则？

第三章 工程师的职业道德和责任

第一节 工程师的职业道德和准则

案例导读

湖南永州：最美护士挺着孕肚去战“疫”①

在湖南省永州市江永县新型冠状病毒感染肺炎的定点医院，有一群最可爱的“准妈妈”，她们本该过着“善待”自己的日子，可是她们主动放弃春节休假，挺着孕肚加班加点，默默地坚守在防疫一线。

2月1日下午，在江永县人民医院住院楼三病区的护士站，有一个挺着大肚子在治疗室忙着配药水的护士，特别抢眼。

据三病区护士长袁叶玲介绍，这位临床护士叫欧阳素梅，今年30岁，已怀孕8个多月。自2012年南昌大学抚州医学院护理专业毕业后，欧阳素梅已在江永县人民医院从事护理工作7个年头，被科室同事和患者称为“热心肠的梅姐”。

原本，欧阳素梅是打算在春节请假休息的，当得知医院因疫情防控医护人员紧缺时，孕期36周的她将已写好的请假条放回口袋，选择坚守岗位。

最近，江永县人民医院的每个临床住院科室几乎天天满床，三病区护士抽调支援感染科一线。一天班下来，欧阳素梅的腿都肿得一按一个坑。

---

① 资料来源：陈健林. 湖南永州：最美护士挺着孕肚去战“疫”［N］. 中国青年报，2020-02-04，02版.

护士长和科室的姐妹们都很照顾她，让她接待新病人、处理医嘱、给出院病人办理出院手续等。欧阳素梅说："比起冲在最前线的姐妹们，我的这点苦和累真的不算什么。我们一起加油。"

该院九病区的吴春连，是一名怀孕30周的护士。之前，她在急诊上班，有大量的冬季传染病病人就诊，但她从没有因为自己怀孕而向领导提过调整岗位的要求。直到这次新型冠状病毒感染的肺炎疫情，院领导才说服她调整到九病区普外科上班。吴春连说："我是孕妇，但我首先是一名护士，要始终记得自己作为护士的职责和担当，我要和同事并肩作战，争取早日打赢这场硬战！"

疫情当前，医院团支部书记、新生儿科的护士潘蓉，六病区的护士欧阳小梅，血透中心的护士刘晓云、唐小芳、蒋美玲，检验科的医生涂斐等，依然奋战江永县医疗护理岗位上，全然忘记了自己面临的风险。怀孕32周的刘晓云是38岁的高龄孕妇，因甲减一直在服用优甲乐，四维B超显示胎儿颈椎声像改变，需休养。但她考虑医院防控形势严峻，仍坚守岗位，和同事们一起每天完成80多人次的血液透析工作。

感染科护士长尹春梅说，全院近200名护士在"不论生死，不计报酬"请战书上庄严地按下红手印并签名，特别是10多名孕妇请缨，令人动容。

第一批向医院请缨进入感染科的16名护理人员当中，年龄最小的孙婉萍只有19岁。她的妈妈知道她要去感染科，偷偷流下了眼泪。

"过不了多久，梅姐就要生宝宝了，可是她还在咬着牙关坚守着。她是我学习的榜样！"孙婉萍说，欧阳素梅的丈夫是一名基层医院的医生，疫情暴发后也请缨留在医院。这对夫妻忙于疫情防控工作，将3岁的大儿子送到外婆家照顾，过年时也没能团聚。

这群最可爱的白衣天使冒着感染的风险，生理和心理都承受着巨大压力，但是大家都没有半句怨言和丝毫退缩。她们和所有的医生一样，身穿防护服，用温暖和激情面对这个特殊的严冬，坚信"疫情终会过去，静候春暖花开"。

一、职业道德的内涵

职业道德有广义和狭义之分。广义的职业道德是指从业人员在职业活动中应该遵循的行为准则，涵盖从业人员与服务对象、职业与职工、职业与职业之间的关系。狭义的职业道德是指在一定职业活动中应遵循的、体现一定职业特征的、调整一定职业关系的职业行为准则和规范。不同的从业人员在特定的职业活动中形成特殊的职业关系，包括职业主体与职业服务对象之间的关系、职业团体之间的关系、同一职业团体内部人与人之间的关系，以及职业劳动者、职业团体与国家之间的关系。

职业道德是社会道德体系的重要组成部分，一方面具有社会道德的一般作用，另一方面又具有自身的特殊作用，具体表现在以下几个方面：

（1）调节职业交往中从业人员内部及从业人员与服务对象之间的关系。职业道德的基本职能是调节职能。一方面，职业道德可调节从业人员内部的关系，即运用职业道德规范约束职业内部人员的行为，促进职业内部人员的团结与合作。如职业道德规范要求各行各业从业人员，都要团结、互助、爱岗、敬业，齐心协力地服务发展本行业、本职业。另一方面，职业道德又可以调节从业人员和服务对象之间的关系。如职业道德规定了制造产品工人要怎样对用户负责；营销人员怎样对顾客负责；医生怎样对病人负责；教师怎样对学生负责；等等。

（2）有助于维护和提高本行业信誉。一个行业、企业的信誉，也就是它们的形象、信用和声誉，是指企业及其产品与服务在社会公众中的信任程度，提高企业的信誉主要靠产品的质量和服务质量，而从业人员职业道德水平高是产品质量和服务质量的有效保证。若从业人员职业道德水平不高，很难生产出优质的产品和提供优质的服务。

（3）促进本行业的发展。行业、企业的发展有赖于高的经济效益，而高的经济效益源于高的员工素质。员工素质主要包含知识、能力、责任心三个方面，其中责任心是最重要的。而职业道德水平高的从业人员有责任心是必要的，因此，职业道德能促进本行业的发展。

（4）有助于提高全社会的道德水平。职业道德是整个社会道德的主要内容。一方面，职业道德涉及每个从业者如何对待职业、如何对待工作，它是从业人员生活态度、价值观念的表现；同时也是一个人道德意识、道德行为发展的成熟阶段，具有较强的稳定性和连续性。另一方面，职业道德也是一个职业集体，甚至一个行业全体人员的行为表现，如果每个行业、每个职业集体都具备优良的道德，那么他们对整个社会道德水平的提高肯定会发挥重要的作用。

二、工程师的职业道德内涵①

工程师在社会分工中获得了“工程师”这一职业地位，就意味着要承担与这一职业地位相应的社会责任。这种具有道德责任的性质，不仅超出了适用于普通公民的法律责任的范围，而且也不同于其他主体如工人的责任。由于工程师与工人在工程活动中的地位和作用的差异，工程师的责任不可避免地要高于工人的责任。

很多工程师的职业伦理规范都规定了工程师的基本道德责任，如忠实于雇主和客户，不谋私利等，进而要求工程师将社会公众的安全、健康和福利置于至高无上的地位等。对于这些责任的性质，不应该只看成职业义务的履行，而更应该理解为一种“德性的实践”。例如，在涉及利益冲突的情况下，责任与良心和美德的关联就会凸显出来。在职业活动中，工程师经常会面对这样的局面，雇主为了经济利益而牺牲产品的安全性，或者是对环境造成危害，由此导致产品的直接消费者和受产品的使用影响的其他公众健康、安全和福利受到损害。工程师是否应该拒绝执行雇主的指令，甚至向社会揭露这一问题呢？因此，工程师可能会面临雇主的诱惑、压力，乃至惩罚，使道德选择与工程师的切身利益发生直接联系。在这种局面下，就会拷问工程师的道德水准，呼唤工程师的良心。

此外，工程师的职业活动不仅要有良好的动机或善的出发点，而且要对其活动的后果有合理的关照。康德的义务论伦理学主张，道德原则不能来自于经验，而是出自于人的理性，道德原则和道德义务是无条件的；行为的道德价值不在于由此而达到的目标，只在于是否出于义务动机；幸福于道德无益，它不能起不变的指导作用。然而，这一传统认识并不能适应现代工程活动发展的现实。近代以来，人类以科学、技术和工程活动，展现出了强大的力量，不可逆转地改变了自然和人类社会的面貌。这种力量虽然强大，却常常导致两面性的后果。先不说现代军事技术和工程的破坏力，只是民用技术和工程所引致的副作用和意外后果，如环境问题、健康和安全问题、工程灾难问题、社会伦理问题，就足以表明科学、技术和工程不仅可以极大地促进人类的幸福，也可以招致严重的灾祸。科学、技术和工程力量的强大性，与其社会后果的两面性伴生在一起，给自然和社会带来了巨大风险和不确定。如同鲍曼所指出的，我们的行为能够产生深刻、深远和持久的影响，却可能有难以预料的副作用和意外后果，带来任何人都不希望的灾难和痛苦。工程

① 资料来源：张永强，姚立根. 工程伦理学［M］. 北京：高等教育出版社，2014.

师必须在良好动机的基础上，对工程活动的直接和间接后果，以及由此对社会公众的健康、安全和福利产生的影响有合理的关照。虽然工程活动的一切负面后果不应该、也不可能全部由工程师来负责，如同工程活动的一切成就和荣誉不能全部归于工程师一样，但是工程师至少要负有一部分的责任，而且是非常重要的责任。承担这一责任，也正是工程师良心和美德的体现。

三、工程师的伦理准则

工程伦理是20世纪70年代以后才逐步引起工程界和哲学界的关注的。国内对这一问题的研究是从20世纪90年代末期开始的。

工程伦理是关于“工程技术人员（包括技术员、助理工程师、工程师、高级工程师）在工程活动中，包括工程设计和建设，以及工程运转和维护中的道德原则和行为规范的研究”。工程伦理是“从工程问题中推演出来的，把工程问题提到道德高度，既有助于提高工程技术人员的道德素质和道德水平，又有助于保证工程质量，最大限度地避免工程风险”。工程伦理问题的重要性在于，它不仅有利于纠正当前工程界存在的对工程伦理的片面性认识，而且有利于对工程活动进行有效的制约与监督，有利于对工程活动的决策者、参与者进行工程伦理教育。

工程伦理是调整工程与技术、工程与社会之间关系的道德规范，是工程领域必须遵守的伦理道德原则。工程伦理的“道德规范是对从事工程设计、建设和管理工作的工程技术人员的道德要求。其主要道德规范是：责任、公平、安全、风险。前两者是普遍伦理原则，后两者是工程伦理特有的原则”。工程伦理研究工程师职业道德素质、行为规范及其伦理控制机制，在充分总结工程活动的道德要求和工程技术实践的基础上，提出工程师及其他工程技术工作者应具备的道德素养和伦理规范。

技术伦理是指通过对技术的行为进行伦理导向，使技术主体（包括技术设计者、技术生产者和销售者、技术消费者）在技术活动过程中，不仅考虑技术的可能性，还考虑其活动的目的、手段及后果的正当性。通过对技术行为的伦理调节，协调技术发展与人，以及社会之间紧张的伦理关系。

现代工程越来越无法摆脱作为活动手段的技术，而越来越复杂的现代技术则需要更多地依托于工程来实现。技术与工程的区分是相对的，在特定的条件下，技术与工程的区分才有意义。技术伦理与工程伦理的区别也是相对的。技术伦理着重解决技术活动中的伦理问题，是研究以利益为基础的人们在从事技术活动中应遵循的道德原则、规范与追求的道德价值目标；工程伦理着重解决工程活动中的伦理问题。技术伦理与工程伦理适用的范围不同。

张永强、姚立根认为，工程伦理准则包含以下几个方面：

第一，以人为本的原则。以人为本就是以人为主体，以人为前提，以人为动力，以人为目的。以人为本是工程伦理观的核心，是工程师处理工程活动中各种伦理关系最基本的伦理原则。它体现的是工程师对人类利益的关心，对绝大多数社会成员的关爱和尊重之心。以人为本的工程伦理原则意味着工程建设要为人类带来福利，提高人民的生活水平，改善人的生活质量。

第二，关爱生命原则。关爱生命原则要求工程师必须尊重人的生命权，要始终将保护人的生命摆在重要位置，不支持以牺牲人的生命为代价的项目的研制开发，不从事危害人的健康的工程的设计、开发。这是对工程师最基本的道德要求，也是所有工程伦理的根本依据。尊重而不是剥夺人的生命权，是人类最基本的道德要求。

第三，安全可靠原则。在工程设计和实施中以对待人的生命高度负责的态度充分考虑产品的安全性能和劳动保护措施，要求工程师在进行工程技术活动时必须考虑安全可靠，对人类无害。

第四，关爱自然的原则。工程技术人员在工程活动中要坚持生态伦理原则，不从事和开发可能破坏生态环境或对生态环境有害的工程，工程师进行的工程活动要有利于自然界的生命和生态系统的健全发展，提高环境质量。要在开发中保护，在保护中开发。在工程活动中要善待和敬畏自然，保护生态环境，建立人与自然的友好伙伴关系，实现生态的可持续发展。

第五，公平正义原则。正义与无私相关，包含着平等的含义。公平正义原则要求工程技术人员的伦理行为要有利于他人和社会，尤其是面对利益冲突时要坚决按照道德原则行动。公平正义原则还要求工程师不把从事工程活动视为名誉、地位、声望的敲门砖，反对用不正当的手段在竞争中抬高自己。在工程活动中体现尊重并保障每个人合法的生存权、发展权、财产权、隐私权等个人权益，工程技术人员在工程活动中应该时时处处树立维护公众权利的意识，不任意损害个人利益，对不能避免的或已经造成的利益损害给予合理的经济补偿。

第二节　工程师的社会责任

案例导读

云南曲靖下海子煤矿透水事故9大嫌疑人被捕

2014年5月23日，曲靖市麒麟区检察院以涉嫌重大责任事故罪依法逮捕了“4.7”下海子煤矿透水事故中的下海子煤矿董事长、实际控制人张克祥等9名犯罪嫌疑人。

这9名嫌疑人分别是：曲靖市麒麟区黎明实业有限公司下海子煤矿董事长、实际控制人张克祥，总经理、股东沈有明，法定代表人、股东黎晓生，矿长陈胜华，技术总工陈良生，技术副矿长许地兴，机电副矿长张江云，副矿长杨德汝和副矿长张国。

经调查，张克祥没有履行主要负责人安全管理的职责，放任煤矿违法违规组织生产。总经理、股东沈有明，法定代表人、股东黎晓生，矿长陈胜华在组织煤矿生产经营过程中，因新井采掘原煤价格不景气，经济效益差，于2013年6月商量违规越界开采已经停止生产的原陆东煤矿三号井矿区范围内的保护煤柱，并由下海子煤矿技术总工陈良生、技术副矿长许地兴二人对开采保护煤柱规划设计，制作假图纸，逃避监管。2013年8月下海子煤矿开始组织对保护煤柱进行巷道掘进施工，直至2014年3月形成采煤工作面。期间未按照规定进行探水作业，边掘边采，违法开采原煤获利400余万元。

2014年4月7日，下海子煤矿机电副矿长张江云未按照职责进行探放水工作，副矿长杨德汝、张国也在未探水的情况下，带领工人下井掘进采煤，凌晨4时30分左右C24采煤工作面进行爆破作业，致使发生透水事故。事故发生后4人安全升井，21名矿工死亡、1人下落不明。

一、工程师的社会角色①

长期以来，工程师们一直认为他们的职责只是正确地掌握科学的方法，

① 资料来源：张永强，姚立根. 工程伦理学［M］. 北京：高等教育出版社，2014.

努力提高技术效率，为雇主创造最大的利润。他们认为，他们接触的对象是物（自然之物和技术产品），不是人，也不是社会。他们更加注重的是技术的实效性和科学的逻辑性，缺乏对社会、自然环境的认识和对人性的思考。正是这些受到专业局限的人，不能跳出专业从社会层面看待工程，使得他们制造的工程产品及工程后果不但没有达到预期的目标，甚至给人们的安全健康、社会经济和自然环境造成严重的危害。

我们应该认识到，工程技术自身具有复杂性，工程活动又与社会具有紧密联系性，而工程师在现代工程活动中扮演着极其重要的专业角色，工程师不仅要精通技术业务，能够创造性地解决有关技术难题，还要善于管理和协调，处理好与工程活动相关联的各种关系。尤其是工程活动对社会和环境的影响越来越大，这就要求工程师必须打破技术眼光的局限，对工程活动的全面社会意义和长远社会影响建立客观的认识，除了对雇主负责外，还要对社会公众、对环境及人类未来负责。

工程师最重要的伦理责任就是对社会负有的责任。虽然工程活动在实施之前经过了周密的论证，做了详尽的策划和安排，但仍具有很大的不确定性，“工程是社会实验”，对于这种社会规模的实验，工程师一定要审慎，也就是要对社会负责，这一点至关重要。当然，工程师们对社会所负的责任能力也是有限的，但是工程师们还是有理由来负这个责任的。

第一，虽然工程师们对于不可预测的工程实践和研究结果难以负责，但是他们对于可预测的结果应当负责。

第二，工程师也是社会的一分子，对于他人负有道德义务，如造福社会、不作恶，以及有效用。

第三，工程师们有职业上的责任，增进福祉，避免伤害。作为专业人士，人们期待工程师能产生对社会有价值的产品和服务，并赋予工程师以权威、责任及信任。社会责任肯定并推崇公众的信任。

第四，社会责任借由增加公众对于工程的支持，推动了公众对工程事业的支持和对工程职业的信赖，借由服务社会，树立工程师们的正面形象。

二、工程师的社会负责

现代工程中，工程师最直接的责任是对雇主的责任。因为雇主为工程师提供工作机会、培训机会和职业上的升迁机会，所以，对雇主负责是对现代工程师最基本的要求。这其中除了法律和雇佣责任之外也包含着一些伦理责任。

工程师对雇主的伦理责任，主要体现在团队合作、保密和利益冲突等方面。团队合作包括在职场行为中注意维护公司的伦理风尚，对公司忠诚，尊重权威，特别是在工程师与经理人之间达成比较一致的意见。工程师不能不顾公司的价值取向和伦理要求，只是凭借专业优势，无视公司管理者的权威，任意作为。在团队合作中，应该以团队目标为主，兼顾各方责任，既不能越权也不能渎职，尽量协助完成任务。保密是指不能向外界泄露公司的商业机密，特别是在保密期内调换工作的工程师更应注意。但是，员工/工程师享有知情权，必要情况下，他们需要知晓公司的一些信息，公司应该尊重，而不能对错误过分掩盖，从而造成重大伤害，这就需要谨慎的权衡。利益冲突是指工程师有时会遇到完成他们对雇主所承担的责任与对个人利益的追求相冲突的情况。例如，在工程活动中收受贿赂，从其他公司获利，利用内部信息等资源谋取私利等。这种利益冲突是伦理责任不能允许的，应该避免。

工程师职业中对顾客的责任一般不是通过工程师个体呈现出来的，这一点与医生和律师等职业不同。因为，工程师虽然是工程产品的设计和制造者，但与产品的最终用户的关系比较间接，表现为工程产品从设计和制造到最终使用，中间要经过销售商、推销商、技术安装人员和技术维护人员的介入，使得顾客与产品开发者的联系并不紧密，设计和制造工程师们很难取得顾客使用情况的第一手资料，而只能更多地通过介入人员来了解产品的使用情况。但随着顾客消费观念的成熟和技术认识能力的提高，对产品个性化的要求越来越高，这种情况有所改善。工程师设计和制造产品时不能无视顾客，而应根据顾客的需求来进行工程行为，因此工程职业对最终用户的直接责任在不断增强。这不仅表现在工程设计时要多方考虑，对顾客所消费的产品跟踪调查等方面，而且还要对有缺陷的产品进行召回，对淘汰产品进行回收和处理。另外，工程师还应帮助产品最终消费者行使其权利，如产品相关信息的知情权，消费者有权知晓产品的隐性副作用或一些安全隐患、系统误差和未来预算等。

总之，工程师除了向直接的雇主负责外，更重要的是，要向受其产品影响的最终消费者和更大范围的公众负责，向社会负责。

第三节　工程师的责任困境

案例导读

某公司临时用电触电事故

某广告公司负责布展汽车展销会，期间，连日下雨，会展场地大量积水导致无法铺设地毯。为此，该公司负责人决定在场地打孔安装潜水泵排水。民工张某等人便使用外借的电镐进行打孔作业，当打完孔将潜水泵放置孔中准备排水时，发现没电了。负责人余某安排技术电工王某去配电箱检查原因，张某跟着前去，将手中电镐交给一旁的民工裴某。裴某手扶电镐赤脚站在积水中。王某用电笔检查配电箱，发现B相电源连接的空气开关输出端带电，便将电镐、潜水泵电源插座的相线由与A相电源相连的空气开关输出端更换到与B相电源相连的空气开关的输出端上，并合上与B相电源相连的空气开关送电。手扶电镐的裴某当即触电倒地，后经抢救无效死亡。

根据事故致因理论，导致事故发生的原因通常包括三个方面：人的不安全行为、物的不安全状态和管理的缺失。其中，技术电工的不安全行为、责任意识淡薄是导致事故发生的主要原因。通过调查分析，造成这次触电事故的原因主要有以下三个方面：

其一，技术电工王某安全责任意识淡薄。随他检查配电箱的张某将电镐交给未穿绝缘靴、未戴绝缘手套、赤脚站在水里的裴某，这是导致事故发生的主要原因。

其二，电镐存在安全隐患。在现场勘察时专家对发生事故时使用的电镐进行了技术鉴定，检测发现电镐内相线与零线错位连接，接地线路短路，无漏电保护功能。通电后接错的零线与金属外壳导通，造成电镐金属外壳带电。

其三，配电设备存在缺陷。开关箱无漏电保护器，且线路未按规定连接。

近代以来，工程越来越深刻地影响着人类社会的方方面面，人们逐渐意识到"当前的时代不但是科学和技术的时代，更是工程的时代""工程活动已经成为人类最基本的实践活动方式"。而工程师作为一个职业群体，已经成为各种工程活动中的关键角色。工程师在研究和开发各种技术与产品，设计、建造和实施各种工程项目时，必然要对所有的利益相关者的健康、安全、福利承担相应的责任。因此，责任问题已经成为工程伦理探讨的一个核心内容。

一、工程师的责任

责任的英文 responsibility 源于拉丁文"respondere"，有响应、回应和回答之意，在日常用法中一般有承担责任、追究责任和惩罚三种含义。在古代，责任的概念与制造和使用人工物的技术活动很少联系在一起。但在现代，增长着的技术力量已使得与各种技术活动相联系的法律的、社会的、职业的、宗教的及道德的责任在增长。尤纳斯就曾经指出"技术将'责任'推到了伦理理论的中心"。随着科学技术的迅猛发展，特别是 19 世纪中叶以来，工程师手中的技术力量和改造自然的能力大大提高，工程师的社会地位、职业权利也随之加强，社会及公众对其工程后果的责任也开始更为关注，最终形成工程师的责任意识。

从工程活动的产生到现在，工程师的责任范围经历了复杂的变化。首先，当工程师还不是一个严格意义上的职业时，他们从属于某种组织或团体，其责任就是按他们的行规行事，忠实于公司或机构，强调对雇主的义务。后来，随着工程师手中技术力量的增强及人数的增加，他们开始寻求一种独立的职业理想，尝试对一切负责。从 19 世纪末 20 世纪初的"工程师叛乱"到后来的"专家治国运动"，这样一种扩大工程责任的梦想到达了巅峰，但由于多方面的原因，这种膨胀的梦想破灭了。在工程师尝试对一切负责失败之后，他们争论其有限责任范围——对他们自己、对他们的雇主、对公众的责任。由原来的对一切负责到现在的职业责任、有限责任，工程师的伦理责任缩小了，而不是增大了。但无论如何，随着技术的进一步发展，工程师的社会意识和公众意识日益提高，他们更加关注公众的安全、健康和福利。"过去，工程伦理学主要关心是否把工作做好了，而今天是考虑我们是否做了好的工作。"

二、工程师的责任困境

实际上，工程师的责任是非常有限的，即使工程师所掌握的技术力量有所增强，这种责任的有限性也并未改变。但从最初的对个人和公司负责发展到对公众、社会负责，工程师的责任范围实质上还是有所扩展的。伴随着这种扩展，他们也面临着更多的责任困境。

首先，科学技术本身有价值倾向。即使使用技术的人们没有随意误用或滥用技术，科学技术自身仍会带来伦理问题。技术本身出现的价值倾向成为造成科技人员伦理困境的重要原因。特别是20世纪中期之后，随着高新技术的出现，产生了许多依托高新技术的工程，由于这些高新技术本身的复杂性和不确定性，使得一项工程的设计者和实施者根本无法完全预测或控制这项工程可能出现的后果。技术过程的不可预见性，即使是对控制着相关领域的核心专家来说也是一样。

其次，多重角色之间可能存在的矛盾使工程师陷入责任困境。工程师在广阔的社会经济背景下扮演着不同的职业角色和公众角色，角色的变化使工程师不仅要承担职业责任，还要额外承担对公众的责任，角色的激增及角色之间可能出现的矛盾使工程师陷入责任困境。在职业活动中，工程师经常会面对这样的局面：雇主为了经济动机而牺牲产品的安全性，或者是对环境造成破坏，由此导致产品的直接消费者的健康、安全和福利受到损害。工程师是否应该拒绝执行雇主的指令，甚至向社会揭露这一问题呢？作为雇员、公众顾问、管理者等多种角色集于一身的工程师应如何选择，这将使他们陷入两难的责任困境。

最后，责任主体的集体化造成工程师的责任困境。当工程师集体和其他社会集体共同实行问题行为时，我们如何应对责任问题？当对一个工程事件进行追踪时，应该由谁承担责任及承担怎样的责任？这是在任何国家至今都无法精确划分的问题。

三、工程师摆脱责任困境的途径

面对工程师的责任困境问题，很多学者都提出了解决途径，比如加强工程伦理教育、增强政府监督力度、提高工程师自身的职业素养和道德水准等。这些措施都将有效防止工程师在面对物质、名誉、地位等功利主义的诱惑时出现摇摆不定、左右为难的情况。除了这些措施外，笔者认为，倡导公众参与和加强技术评估是使工程师摆脱责任困境最为行之有效、立竿见影的途径。

公众参与就是让公众参与到工程或者技术的决策过程中来。美国著名技术哲学家米切姆曾经指出，“考虑新技术的伦理问题不再是专家们的事情，而是这个时代所有人的事情。”现代技术与工程极大地改变着人类的生活，同时也产生了很多负面效应，公众作为这种负面效应的直接受害者，他们有权要求参与到技术或工程的决策中来，对这种决策是否伤害到自身利益做出判断和提醒。况且，专家在决策过程中很可能因为个人的兴趣或考虑不周而忽视公众的利益，公众参与决策将会避免这种情况的发生。“公众”是一个很宽泛的概念，它可以包括各行各业、各年龄层次、各文化层次的公民。在工程决策中，到底什么样的公众应该参与进来，这是一个关键的问题。我国学者李伯聪强调“利益相关者”出场，实际上，工程决策中强调的“公众参与”主要指的就是“利益相关者参与”。一般来说，一个决策是否达到了更高的伦理水准不应该由“局外”的公众来判断，而应该由“局内”的利益相关者来判断。建立由利益相关的公众组成，同时包括技术专家、伦理学家及管理者组成的共同体对工程决策与实施问题进行思考是解决工程师责任困境的重要途径。

技术评估是解决工程师责任困境的又一途径。在技术应用之前对其可能带来的风险进行预测和评估，然后做出相应的对策，从而避免不良后果的出现，这样，工程师也就会避免受到公众的伦理指责，摆脱责任困境。技术评估是一种事前思维，其重点是强调要在决策阶段中对已完成的某个设计方案预测的实施效果——尤其是“派生效果”和“长期效果”——进行全面的、综合性的、带预见性的评价，并把这种带预见性的对预测的“事后效果”的评价作为事前决策的根据。因此，确切地说，技术评估是“事前”对“事后”进行“先思”的思维。技术评估是为了避免风险，为了安全。这就要求工程师遵循考虑周全的伦理原则。考虑周全是指工程师在工程设计与工程实施中尽可能多地考虑更多现实因素，确保工程安全，是一种更为理想的工程设计伦理原则。在工程设计中除了考虑技术因素外，环境、社会背景、利益相关者等非技术因素也应被纳入考虑的范围。工程设计中包含着无法仅由知识化的技术系统替代的人文内涵。现实情况是嬗变的，并且人类的活动是自由的，这些都可能使理论的设计同现实结合后并不能表现最佳，很多重大的工程事故都是由于设计中考虑不周造成的。因此，在对工程进行技术评估中，工程师应尽可能考虑周全，以避免由于设计上的缺憾而使自己陷入两难境地。

四、典型案件

(一) 1868 年罗兰斯诉讼弗莱切案件

磨坊主弗莱切（Fletcher）为了运行他的磨坊建了一个蓄水池，蓄水池里的水无意中渗漏到旁边废弃的矿井里，并通过这个废弃的矿井淹了罗兰斯

（Rylands）的矿井，罗兰斯为此提起诉讼。罗兰斯承认，这件事不是由于弗莱切的疏忽造成的，他预先不可能知道废弃矿井的存在。但是，法庭还是判定原告胜诉，其理由是弗莱切积蓄水本身产生了一种危险，为此他必须承担责任。一位法官把弗莱切的蓄水池描述为“非自然的”（抬高水位在“其自然条件之上”），以此来支持他的判决结果。此案标志着法院在处理涉及技术的民事责任时，不再把行为人必须故意或存在疏忽作为其承担责任的要件，从而使技术行为主体的民事责任扩大了。

(二) 1916 年麦克弗森起诉别克汽车公司案件

麦克弗森（McPherson）的别克牌汽车轮胎发生故障导致一场车祸，他在该车祸中受伤。麦克弗森为此向法院起诉别克汽车公司。法官判别克汽车公司败诉，并在判决书中写道，“制造人如果知道一件存在危险的产品会被购买人以外的第三人不经检验而使用，则不论当事人之间是否存在契约关系，制造人均负有注意义务。制造人未尽注意义务时，应就由此而产生的损害承担赔偿责任。”这一判决突破了无合同就无责任的普通法原则，开始将产品责任纳入侵权法系中，从而确立了美国产品责任法上的过失责任原则。

(三) 1963 年格林曼诉尤巴电器公司案件

格林曼诉尤巴电器公司案件是第一例严格产品责任案件，它确立了严格责任的观念，更进一步强化了工程师在产品安全和质量中的责任。在这个官司的判决中，一位法官指出：“当一个制造商将一件产品投放市场时，明知它将不经过检验是否存在缺陷而使用，只需证明该产品存在缺陷并对人造成伤害，则制造者对损害负有侵权方面的严格责任。”严格产品责任的确立，使消费者在使用有缺陷产品遭受损害时，只要证明自己所受的损害与该产品的缺陷有关即可获得赔偿，不必举证证明产品缺陷之所在，也不必证明制造人或销售人是否存在过错。

》》本章小结

工程师在社会分工中获得了职业地位，就意味着要承担与这一职业地位相应的社会责任，这种责任具有道德责任的性质。工程师最重要的伦理责任就是对社会负有责任。第一，虽然工程师们对于不可预测的工程实践和研究结果难以负责，但是他们对于可预测的结果应当负责。第二，工程师也是社会的一分子，对于他人负有道德义务，如造福社会、不作恶，以及有效用。第三，工程师们有职业上的责任，增进福祉，避免伤害。作为专业人士，人们期待工程师能产生对社会有价值的产品及服务，并赋予工程师以权威、责任及信任。社会责任肯定并推崇公众的信任。第四，社会责任借由增加公众对于工程的支持，推动了公众对工程事业的支持和对工程职业的信赖，借由服务社会，树立工程师们的正面形象。

工程师面临的责任困境主要体现在：第一，科学技术本身有价值倾向；第二，多重角色之间可能存在的矛盾使工程师陷入责任困境；第三，责任主体的集体化造成工程师的责任困境。面对工程师的责任困境问题，很多学者都提出了解决途径，比如加强工程伦理教育、增强政府监督力度、提高工程师自身的职业素养和道德水准等。这些措施都将有效防止工程师在面对物质、名誉、地位等功利主义的诱惑时出现摇摆不定、左右为难的情况。除了这些措施，笔者认为，倡导公众参与和加强技术评估是使工程师摆脱责任困境的最为行之有效、立竿见影的途径。

案例分析

两难的抉择①

拉斯金制造公司向帕克成品公司保证，它会在当月的10日交付所有预订的小型机器。帕克公司已延长了一次交货期，这次它必须如期交付。拉斯金公司质量控制部门的主管提姆·文森（Tim Vinson）对如期交货很有信心。但到了当月8日，他了解到，机器中的一个新零件出现了供应短缺。

提姆意识到，他必须做出决定，是用旧零件来设法遵守期限，还是告诉帕克成品公司，拉斯金不能按期交货。在做出决定前，提姆咨询了该产品的总设计工程师查克·戴维森（Chuck Davidson）。查克说："我没有一个好答案给你。你已经没有时间来拿出一个满意的替代方案。你可以再拖延点时间，但已经规定了期限，你再拖延，会有负疚感，或者你干脆用旧零件。但是，我并没有建议你采纳其中任何一个。我不想为这事烦恼。也许你可以问问阿诺德。"

阿诺德·彼得森（Arnold Peterson）是负责产品的工程副总裁，多年前

① 资料来源：丛杭青，沈琪，等译. 工程伦理概念和案例［M］. 3版. 北京：北京理工大学出版社，2006：237.

他与提姆一样担任质量控制部门主管，有两个原因使得提姆不愿去问阿诺德：第一，提姆感到他因早先没有预料到这个问题而负有责任，他不愿向副总裁承认错误；第二，他不知阿诺德是否愿意为这类事情操心。阿诺德或许会直接告诉提姆，这是提姆自己应该解决的问题。而且，要是听到让他自己解决问题的说法，提姆会感到不舒服，所以提姆决定自己解决问题。

那么，他应该怎样解决这个问题呢？

思考题

1．职业道德的内涵是什么？工程师职业道德的内涵是什么？

2．工程师的伦理准则包含哪几个方面？

3．工程师面临的责任困境有哪些？如何摆脱责任困境？

第四章　工程中的诚信与伦理

在掌握工程师职业道德和责任的基础上，本章介绍工程师必须具备的诚信和伦理规范，尤其是人道主义的基本内容和要求，阐述在工程、工程建设、工程试验、工程商业、社会事务、专家证人活动中分析和处理诚信和伦理问题。

第一节　工程中的人道主义

案例导读

三鹿三聚氰胺奶粉事件

2008 年 3 月，南京儿童医院把 10 例婴幼儿泌尿结石样本送至该市鼓楼医院泌尿外科专家孙西钊处进行检验，自此三鹿问题奶粉事件浮出水面。

7 月 16 日，甘肃省卫生厅接到甘肃兰州大学第二附属医院的电话报告，称该院收治的婴儿患肾结石病例明显增多，经了解患儿均曾食用三鹿牌配方奶粉。

7 月 24 日，河北省出入境检验检疫局检验检疫技术中心对三鹿集团所产的 16 批次婴幼儿系列奶粉进行检测，结果有 15 个批次检出三聚氰胺。

8 月 13 日，三鹿集团决定，库存产品三聚氰胺含量在每公斤 10 毫克以下的可以销售，10 毫克以上的暂时封存；调集三聚氰胺含量为每公斤 20 毫克左右的产品换回三聚氰胺含量更大的产品，并逐步将含三聚氰胺产品通过调换撤出市场。

9月1日，卫生部公布由国务院批准的新“三定”方案，再次强调了食品安全监管和食品卫生许可监管的职责分工。

9月9日，媒体首次报道“甘肃14名婴儿因食用三鹿奶粉同患肾结石”。当天下午，国家质检总局派出调查组赶赴三鹿集团。

9月11日，除甘肃省外，陕西、宁夏、湖南、湖北、山东、安徽、江西、江苏等地也有类似案例发生。当天，三鹿集团股份有限公司工厂被贴上封条。

9月12日，联合调查组确认“受三聚氰胺污染的婴幼儿配方奶粉能够导致婴幼儿泌尿系统结石”。同日，石家庄市政府宣布，三鹿集团生产的婴幼儿“问题奶粉”，是不法分子在原奶收购过程中添加了三聚氰胺所致。

9月13日，党中央、国务院启动国家重大食品安全事故Ⅰ级响应，并成立应急处置领导小组。卫生部发出通知，要求各医疗机构对患儿实行免费医疗。

9月16日，三鹿集团党委书记田文华被免职。同时，石家庄市分管农业的副市长张发旺、市畜牧水产局局长孙任虎、市食品药品监督管理局局长张毅和市质量技术监督局局长李志国也被免职。

9月17日，田文华被刑事拘留；石家庄市市长冀纯堂被免职。

9月18日，国家质检总局发布公告，决定废止《产品免于质量监督检查管理办法》，同时撤销蒙牛等企业“中国名牌产品”称号，并发出通知，要求不再直接办理与企业和产品有关的名牌评选活动。

截至9月21日上午8时，全国因食用含三聚氰胺的奶粉导致住院的婴幼儿1万余人，官方确认4例患儿死亡。

9月22日，国家质量监督检验检疫总局局长李长江因“毒奶粉”事件引咎辞职。

10月8日，卫生部等五部门公布了乳及乳制品中三聚氰胺临时限量标准，其中1000克婴幼儿配方乳粉中允许存在1毫克三聚氰胺。

10月9日，温家宝签署国务院令，公布了《乳品质量安全监督管理条例》。

三鹿毒奶粉事件是中国发生的一起严重的食品安全事件，涉及范围广，影响大。事件的起因是很多食用三鹿奶粉的婴儿被发现患有肾结石，随后在其奶粉中被发现化工原料三聚氰胺。根据公开数据，截至2010年底，已有271869名患儿家长领取了三鹿集团发放的一次性赔偿金。三鹿事件发生后，国家质检总局又公布包括伊利、蒙牛、光明、圣元及雅士利在内的多个厂家的奶粉都检出三聚氰胺。该事件重创中国制造商品信誉，多个国家禁止了中国乳制品进口。

工程活动中必须坚持人道主义，既是社会对工程参与者的基本道德要求，也是由工程对社会存在和发展的重要地位所决定的。

一、人道主义的含义①

人道主义有两种含义：一种是作为世界观和历史观的人道主义；另一种是作为伦理原则和道德规范的人道主义。

作为世界观和历史观的人道主义，是欧洲资产阶级早期的思想体系，产生于14—16世纪欧洲文艺复兴时期，其代表人物有：彼特拉克、但丁、薄伽丘、达·芬奇等。他们针对中世纪神学以神为中心，贬低人的地位和价值、蔑视世俗生活、提倡禁欲主义的思想观点，提出以人为中心的世界观，提倡“人权”否定“神权”，要求尊重人的价值、人的尊严、人的自由意志，反对禁欲主义，提倡世俗教育和科学知识。在17、18世纪资产阶级革命中，启蒙运动的思想家把人道主义原则具体化为“自由、平等、博爱”的口号，要求充分实现发展人的天性的权利，建立人类“理性”的王国，使之成为资产阶级革命的强大思想武器，在历史上起了推动社会进步的作用。

资产阶级人道主义，就其在伦理道德方面的某些要求，如尊重人、关心人等，包含合理的内容，应当批判地吸取。但它的理论基础即世界观、历史观是唯心主义的，它用抽象的人、人性解释历史，把人类“理性”看作是社会历史进步的动力，因而不能科学地说明历史，而它所要求建立的“理性王国”，不过是资产阶级的王国。在无产阶级推翻资本主义和建立社会主义的革命斗争中，产生和发展了社会主义的人道主义——即作为伦理原则和道德规范的人道主义。它与资产阶级人道主义具有根本的不同，是以马克思主义世界观和历史观为基础，是社会主义伦理道德的组成部分，是为社会主义经济基础服务的。宣传和实行社会主义的人道主义是社会主义精神文明建设的重要内容。

人道主义是起源于欧洲文艺复兴时期的一种思想体系，提倡关怀人、爱

① 资料来源：《管理学》编写组．管理学［M］．北京：高等教育出版社，2019．

护人、尊重人，是一种以人为本、以人为中心的世界观。法国大革命时期又把人道主义的内涵具体化为自由、平等和博爱。人道主义在革命时期起着反对不平等的制度的积极作用。

人道主义源于人道、人文思想。《易传》中有：“有天道焉，有人道焉，有地道焉。”《周易·贲象》中有：“观乎天文以察时变，观乎人文以化成天下。”美国前东方学会主席顾立雅考证，中国的人道思想、中国的一部分制度，“通过阿拉伯人在12世纪传到西西里的罗杰二世与英格兰的亨利二世的朝廷”，进而影响了后来整个西方的文艺复兴运动。《童子问易》指出：“《易经》绝对是世界共同的人文原点。”

人道主义的英文由humanitarianism译述而来。著名慈善公益组织国际君友会王爱君在其《人道》中有如下记载：人道主义，在文艺上系鼓吹自由思想的主义，原在排斥教会的束缚，以人道取代神道，亦为人文主义的展现，在伦理上则与博爱主义相同，主张超越人种、国家、宗教等所有的差别，承认人人平等的人格，互相尊重，互相扶助，以谋人类全体之安宁幸福为理想的主义。法国哲人孔德（Auguste Comte）所创的人道教（Religion of Humanity），其教义亦与人道主义相通，以仁爱为原理，秩序为基础，增进人类幸福为目的，并主张僧侣不宜有财产与职业，必须舍弃名利，致力于布施教化，息争弭乱，方足以保障人类的和平与福祉。

中国过去的词汇，虽无“人道主义”一词，但经传中早已出现“人道”两字。如《礼记·丧服·小记》云：“亲亲、尊尊、长长，男女有别，人道之大者也。”《周易》云：“立天之道，曰阴与阳；立地之道，曰柔与刚；立人之道，曰仁与义。”《中庸》云：“诚者天之道也，诚之者人之道也。”诚之一字，有成己成物之义，亦即孟子“亲亲而仁民，仁民而爱物”之旨，此等语意，都与西方的人道主义相通。

人道主义在现代社会得到人们的广泛拥护和奉行，深深地渗透到我们生活的方方面面。例如，《中共中央关于社会主义精神文明建设指导方针的决议》中明确指出：“在社会公共生活中，要大力发扬社会主义人道主义精神，尊重人，关心人，特别要注意保护儿童，尊重妇女，尊敬老人，尊敬烈属和荣誉军人，关心帮助鳏寡孤独和残疾人。”《决议》通篇都体现了社会主义人道主义精神，强调了我们社会人与人之间的友爱、平等、和谐，以及共同奋斗。

二、人道主义的发展

人道主义，是重视人类价值——特别是关心最基本的人的生命、基本生存状况的思想。它关注人的幸福，强调人类之间的互助、关爱，重视人类的价值。人道主义、人本主义和人文主义之间有密切的关系。在西方，人道主义起源于欧洲文艺复兴时期，是针对基督教教会统治社会的神道主义而形成的一种思潮。人道主义的核心是重视人的幸福，后来也延伸为扶助弱者的慈善精神。人道主义体现在以下几个方面：

1．理性价值

逻辑和经验是发展知识、检验断言的标准。

2．自由探索的价值

人道主义反对以任何形式对人的思想进行独裁专制，这些形式包括教会的、政治的、意识形态的、社会体制的各种有可能对人的思想进行钳制的压迫形式。当然我们也主张对各种差异的容忍，尊重个人表达其信仰的权利，无论这种信仰是多么不入流，不主张用社会的、法律的和制裁的方式对其进行压制。

3．个人尊严的价值

生活的高贵和尊严是人道主义的核心价值，所以人道主义反对一切宗教的、意识形态的、伦理道德中具有贬损个人、压制自由、愚弄智识，或非人化的信条。人道主义坚信最大程度的个人自主性与社会责任感是和谐一致的。

4．道德平等

这个原则贯穿于反对一切基于种族的、性别的、宗教的、年龄的、国别的歧视。这个原则的相应结果就是对一切人的智力和美德提供平等机会。

5．自由的理想

人道主义总是捍卫自由的理想，它不仅仅是支持那些因为教会的、政治的、经济的利益而遭受压制的自由意识，而且支持真正的政治自由、民主决定基础上的大多数人的意见，尊重少数人的权利和法律的规则。人道主义捍卫人基本的安全、自由和追求幸福的权利。人道主义提倡从宗教和强硬政府控制下解放的个人自由。

6．宗教怀疑主义

人道主义承认宗教在解释人的生活意义方面的作用，但不认同对它的迷信态度。人道主义认为宇宙是自然力机制作用的产物，可以有效地为科学所理解。人道主义坚持男人、女人对自己的命运负责，不必寻求超自然的救世主。

7. 伦理的本质和来源

人道主义赞同伦理的哲学传统，即这是一个可以反复探寻的自主领域，伦理上判断可以脱离宗教而独立获得。人类可以培育自己的智慧和理性，用它们来获得优质的生活。人道主义认同道德在人的生活中的中心作用，但人道主义反对绝对价值观，保留对伦理价值不断发现的客观态度。

三、工程人员应具有人道主义情怀

工程师应具有人道主义情怀，主要体现在5个方面①：

1. 工程人员应具有使社会可持续发展的基本的社会成员素质

工程人员首先是一名社会成员，应具有使社会可持续发展下去的基本素质，如相互友爱、相互尊重、诚信等。很难想象一个充斥着冷漠、自私、无情的社会能够推动人类的生存和发展，就如曾经引起网络热议的“扶不扶”问题，实际就是对人们人道主义观念的拷问。尊老爱幼是中华民族的传统美德，孟子在描述他理想的社会时说道：“老吾老以及人之老，幼吾幼以及人之幼。”孔子也曾说过：“故人不独亲其亲，不独子其子，使老有所终，壮有所用，幼有所长，矜（guān）、寡、孤、独、废疾者皆有所养。”因此从维护整个社会和谐的角度出发，工程师理应具有人道主义情怀。

2. 工程活动的性质决定了工程人员必须是人道主义者

工程活动多数与人类的生命健康直接相关，工程人员道德上小小的“失节”，都可能给社会带来巨大的灾难，历史上这样的例证比比皆是。从“三鹿毒奶粉事件”中可以看出，相关人员对自己利益的积极维护，对他人生命、健康的漠视，导致事态不断加重。从有关报道中可知，公司管理人员早在2007年底就已经收到“婴幼儿使用三鹿奶粉后，出现尿液变色或尿液中有颗粒现象”的投诉。2008年8月1日，三鹿集团取得检测结果，证实婴幼儿奶粉中含有三聚氰胺的成分，导致众多婴儿患有肾结石后，不但没有立即停止销售、收回已售奶粉，反而试图屏蔽一切有关“毒奶粉”的报道。在媒体和政府的双重压力下，三鹿集团才不得不公开承认奶粉中掺入三聚氰胺的事实。从事后媒体的报道分析，如果没有新西兰恒天然公司的举报，没有中央政府的介入，不可预知还有多少婴幼儿继续受害于“毒奶粉”。“三鹿毒奶粉事件”使三鹿集团迈上不归路，使中国制造业蒙受巨大耻辱。因此，与其他社会成员相比，工程人员在履行他们的职责时更应将人道主义贯

① 资料来源：张永强，姚立根．工程伦理学［M］．北京：高等教育出版社，2014．

彻到底，将公众的安全、健康等放在首位。

3. 工程人员要做一个人道主义者是其自身人格完善的要求

《大学》中有言："自天子以至于庶人，壹是皆以修身为本。"拥有健全的人格是工程人员基本的职业要求。光有高超的职业技能却缺乏基本的人道主义修养不仅无法使自己声名远扬，反而还会贻害社会。中国著名教育家蔡元培先生曾说过："德者，本也。若无德，则虽体魄智力发达，适足助其为恶。"1962 年初，美国进行高空"海星"核爆炸试验。该行为给地球外层空间形成人为电子云带，存在时间长达 30 年之久，不但给无线电通信及太空观测造成严重影响，而且严重污染了太空环境。钱学森的老师、航空工程的先驱者、美国加州理工学院冯·卡门教授有句名言："科学家研究已有的世界，工程师创造未来的世界。"科技的发展使工程师掌握了越来越大的权力，随之也应负有更重的道义责任。爱因斯坦曾说过："在我们这个时代，科学家和工程师担负着特别沉重的道义责任。"

4. 工程人员负有人道主义责任也是法律的要求

我国立法者充分认识到，工程人员，尤其是从事直接关乎人类生命健康活动的工程人员秉承人道主义的重要性，在法律中对严重危及人身、财产安全的工程行为给予了专项规定。例如《中华人民共和国建筑法》中规定：建筑工程安全生产管理必须坚持安全第一、预防为主的方针，建立健全安全生产的责任制度和群防群治制度。建筑施工企业在编制施工组织设计时，应当根据建筑工程的特点制定相应的安全技术措施；对专业性较强的工程项目，应当编制专项安全施工组织设计，并采取安全技术措施。建筑施工企业的管理人员违章指挥强令职工冒险作业，因而发生重大伤亡事故或者造成其他严重后果的，依法追究刑事责任。再如，《中华人民共和国刑法》第一百四十六条规定：生产不符合保障人身、财产安全的国家标准、行业标准的电器、压力容器、易燃易爆产品或者其他不符合保障人身、财产安全的国家标准、行业标准的产品，或者销售明知是以上不符合保障人身、财产安全的国家标准、行业标准的产品，造成严重后果的，处五年以下有期徒刑，并处销售金额百分之五十以上二倍以下罚金；后果特别严重的，处五年以上有期徒刑，并处销售金额百分之五十以上二倍以下罚金。

5. 工程造福人类是工程发展的终极目标

中南大学教授李侠认为："科学对普通民生的关注恰恰是科学本质上应具有的一种伦理关怀"。然而，中国大量的科学家围绕申请课题、搞科研转，真正进行调查研究，了解和开发适合中国国情、中国老百姓需要的实用技术的人很少。许多工程师在设计、制造产品时更多考虑的是拿大奖，而非适用人群的多少；考虑的是满足健康人的应用，而非老弱、残障人士。同时，很少有人认同科学隐含伦理关怀的说法。目前人们普遍接受的观点是，科学关乎事实判断，而伦理诉求则是一种价值判断。前者客观，后者主观。因此，科学与伦理无涉。由此导致的问题是，科学知识大量增加，而民生却不能有效地享受到科学的切实帮助。整个科学研究的取向被定位在高精尖等前沿领域，致使科学研究日益演变为昂贵的“烧钱”活动。日本早于我国进入老龄化社会，虽然其老龄人口只有中国的1/3，但相关产品和服务的发展却非常蓬勃，不仅有功能齐全的轮椅按摩床等福利产品，还有专为老年痴呆症患者设计的游戏机，适合残疾人使用的公用电话亭，具有保健按摩功能的座椅式马桶，以及可以根据使用者要求调节高度的汽车座椅等。正如阿伦·布洛克所说：任何社会的实力不仅在于那些可以用经济和社会指数衡量的因素上，而且在于它的凝聚力、它的道德精神、它的成员中存在充分的共同利益、共同价值观和信任感来应付挑战……因此，作为社会主义国家建设者之一的工程师，不仅应关注如何建造或制造出更多高技术含量的产品，更要关注如何处理科技发展与社会发展、个人与社会的关系，这是每个工程师将来都会面临的问题，要求他们从现在就打下人道主义的基础，加强社会责任感和对人的理解、尊重，以及对生活和事业的热爱，是十分必要的。

第二节　工程中的诚信伦理

案例导读

优秀工程师的10个诚信准则

不难想象，在当今各种利益纵横交错的复杂科技环境中，工程师其实很容易一不小心就迷失自我。准工程师如何避免在未来陷入利益与道德的两难处境？工程人员应该如何跳脱职业伦理与雇主忠诚的困境？工程管理人如何避免过度以自我为中心而影响专业准则？美国俄亥俄州立大学教授K M Passino开设的线上课程“电子与电脑工程学伦理”在这方面提供了丰富的资源。在此课程中，Passino教授指出十大诚信守则：

（1）秉持符合大众安全、健康与福祉的原则，接受进行工程决策的责任，并且立即揭露可能危害大众或环境的因素。

（2）避免任何实际或已察觉（无论何时发生）的可能利益冲突，并告知可能受影响的团体。

（3）根据可取得的资料，诚实并确切地陈述声明或评估。

（4）拒绝任何形式的贿赂。

（5）改善对于科技的了解、其合适应用及潜在的结果。

（6）维持并改善我们的技术能力；只在经由训练或依经验取得资格，或相关限制完全解除后，才为他人承担技术性相关任务。

（7）寻求、接受并提出对于技术性工作的诚实批评；了解并更正错误；适时对于他人的贡献给予赞赏。

（8）公平地对待所有人，不分种族、宗教、性别、伤健、年龄与国籍。

（9）避免因错误或恶意行为而伤害到他人财产、声誉或职业。

（10）协助同事及工作伙伴在专业上的发展，以及支持他们遵守本伦理规范。

看完这10项守则后，不禁要问，有多少人曾在工作中听过雇主、老板或同事谈起这些工作伦理，或是讨论过如何改善这些伦理规范？

一、工程中的诚信准则①

在我国传统儒家伦理中，诚信是被视为治国平天下的条件和必须遵守的重要道德规范。古代圣贤哲人对诚信有诸多阐述。比如，孔子认为“自古皆有死，民无信不立”；荀子认为“养心莫善于诚”；墨子曰“志不强者智不达，言不信者行不果”。总之，古代的圣贤哲人把诚信作为一项崇高的美德加以颂扬，生动显示了诚信在中国人心目中的价值和地位。从古到今，人们如此重视诚信原则，其原因就是诚实和信用都是人与人之间所要遵循的基本道德规范，没有诚信，也就不可能有道德。所以，诚信是支撑社会道德的支点。

1．不说假话义务

这是诚信规则的基本要求。“三鹿毒奶粉事件”中，一位网民在2008年

① 资料来源：张永强，姚立根．工程伦理学［M］．北京：高等教育出版社，2014．

5 月以网上发文的形式揭露他在 2007 年 11 月购买的三鹿奶粉有质量问题，令其女儿小便异常，三鹿集团以买到的是假货，赔偿价值 2476.8 元的四箱新奶粉为代价换取了网民删除帖子的行为。面对舆论危机，原三鹿集团并未积极查明真相，如实披露问题，反而以不合理的手段推卸责任，最终走上了不归路。

2. 不故意隐瞒事实真相义务

工程活动中经常有以各种理由故意隐瞒事实真相的情况。仍以“三鹿毒奶粉事件”为例，原三鹿集团在确认自己集团生产的奶粉导致众多婴儿患有肾结石后，不但没有将该事实公开，反而采纳了其公关公司提出的与中国最大的互联网搜索引擎公司百度合作，屏蔽有关新闻的公关解决方案，多次致电百度希望能协助屏蔽当时三鹿集团的负面新闻。

3. 最大程度上的信息公开义务

信息公开义务的具体内容包括信息公开必须及时、准确，没有重大遗漏。在“三鹿毒奶粉事件”中，如果原三鹿集团在最初有人举报奶粉问题时，及时、准确公开相关信息，立即查明问题根源，并公开调查结果，未必会造成无可挽回的后果。

4. 对相关信息说明解释的义务

在产品设计越来越复杂、制造工艺越来越专业化的现代社会，仅对工程活动的相关信息进行公开已经不能满足社会对其诚信的要求，还需要满足工程活动参与者各方了解工程活动所涉及的各种专业概念及其对周围人的生活、工作的影响的需求。

二、智能时代的诚信责任①

当“阿尔法狗”完胜围棋名将李世石和柯洁，机器人索菲亚获得沙特阿拉伯公民身份以后，社会各界对人工智能的关注空前高涨，对智能时代的反思和担忧颇多。因为以信息高速公路为基础，以人工智能、虚拟现实、万物互联、大数据应用等为技术内核，以社会生产和人类生活全面智能化为基本特征的智能时代不仅给我们带来了便捷，也对人类隐私、生命乃至公平正义造成巨大的威胁和全面的挑战。因此，智能时代的工程师如何化解技术风险，并在保护隐私、关爱生命、守护公平正义等方面主动承担起自身的伦理责任，从而实现工程造福人类的目标，无疑是当前和今后一段时期急需深入

① 资料来源：邱德胜. 智能时代工程师的伦理责任［N］. 光明日报，2018－09－03，15 版.

思考的重大课题。

（一）**保护隐私**

隐私权是指自然人享有的一种私人生活与私人信息不被他人侵扰、知悉、收集、利用和公开的合法权利。随着大数据、物联网等新兴技术的开发与应用，私人领域与公共领域的界限逐渐模糊，个人隐私权也遭受到前所未有的挑战，因此，保护隐私和信息安全就成为当前工程师极其棘手和重要的伦理责任。

大数据的应用可能会侵犯人类隐私。近年来，关于数据泄露的报道时有发生，如 2018 年 3 月“脸书”5000 万用户的个人信息被英国剑桥分析公司窃取；谷歌为美国国防部开发的“专家项目”通过“点击”任何建筑物、车辆、人群等，就能查看与之相关的一切信息。此外，政府、企业、医院对医疗健康大数据的不当使用，都可能导致个人的健康信息被泄露。在大数据面前，人类几乎无隐私可言，正如美国作家塔克尔在其《赤裸裸的未来》中描述的：“我们生活在一个‘超级透明’的世界，我们泄露出去的海量信息无处不在。”由此促使人们对大数据的思考走向深入，如谁拥有大数据的所有权、使用权？由谁来负责大数据的监管以保证其被合理合法使用？

物联网可能使个人随时处在智能设备的监控之下。射频识别技术是物联网的重要技术之一，通过射频识别技术，所有带有电子标签的物品如衣服等均可能随时随地不受控制地被扫描、定位和追踪，这势必会导致个人隐私被侵犯。不远的未来，万物互联将会走进现实，所有的人与物都将无一例外地卷入万物互联之中，类似智能手表的穿戴设备则是将人接入网络的入口。通过各种穿戴设备，个人信息将会实现实时自动上传，并被收集、存储和使用。一旦使用不当，人类的隐私问题必将更加凸显。

如何保护人类的隐私不受侵犯？我国出台的《网络安全法》明确提出“谁收集、谁负责”的原则，这对于隐私保护虽然具有一定意义，但要将这项工作真正落到实处，更需智能时代的工程师担负起保护隐私的伦理责任，并在关于数据的收集、使用、存储、监督等环节中尽力做到：收集要授权，使用需分级，存储应保护，追责当有力。具体来说，数据收集应该征得用户的同意和授权；所有数据需按照隐私程度进行分级，设置不同级别数据的使用权限；数据存储应受到严格的技术保护；如出现不当使用，应追查责任源头并严肃追责。当然，任何事物都具有两面性，智能技术在挑战人类隐私的同时也可以起到积极的正面作用，如智能技术可以通过对海量数据的分析，跟踪网络异常行为，快速检测恶意软件，防止诈骗和黑客入侵，提升网络安全防御水平，从而使人类隐私得到有效保护。

（二）关爱生命

康德等人提出的道义论强调人在行为之前应该具有善良意志，即善良的愿望或善良的动机。而智能时代语境下的技术理性过度膨胀使得人类生命受到威胁，“德国大众汽车公司机器人杀人”“Uber 自动驾驶汽车撞死行人事件”就是最好的例证。为规避智能技术因缺乏人文关怀而带来的潜在风险，在大型工程实践中，工程师应从善良意志出发，以关爱生命为其基本伦理规范，力争做出“善”的工程。

众所周知，人工智能分为弱人工智能、强人工智能和超人工智能三类，其中“阿尔法狗”是弱人工智能的典型代表。对于强人工智能产品，一旦处置不当，人类将会面临前所未有的威胁甚至走向毁灭。正如霍金所说，人工智能的成功有可能是人类文明史上最大的事件，但是人工智能也有可能是人类文明史的终结者，除非我们学会如何规避风险。如何规避风险？首要的是让机器人按照人类的伦理道德规范行事。美国学者瓦拉赫和艾伦在他们的著作《道德机器：如何让机器人明辨是非》中，提出了使机器拥有道德的三条路径：一是自上而下，就是把人类已经成熟的伦理系统、道德理论体系灌输进去，即理论驱动决策；二是自下而上式的数据驱动的学习和进化方式；三是混合进路系统，即将前两种结合起来，使人工智能体在一定的普遍伦理准则指引下，通过深度学习算法，在与人类的互动中不断完善其伦理系统。

事实上，科幻作家阿西莫夫 1942 年在《我，机器人》一书中提出了大家熟知的机器人学三定律，以确保人类不受伤害。站在当下，让智能产品拥有道德固然重要，但工程师积极履行关爱生命的伦理责任，做到有所为、有所不为才是根本。近年来，相关国家、部门、企业甚至个人都提出了智能产品研发的道德准则，如韩国政府拟订《机器人道德宪章》；美国信息技术产业委员会（ITI）颁布《人工智能政策准则》；美国电气电子工程师学会（IEEE）发布第二版《人工智能设计的伦理准则》；欧盟出台史上最严的《通用数据保护条例》；等等。

为回应智能时代对人类生命的威胁，履行关爱生命的伦理责任，工程师应该做到：反思智能产品关涉的技术风险，做好智能产品前瞻性的伦理评估，避免智能产品伦理缺位；对智能产品开展道德代码和伦理嵌入研究，使机器“算法”遵循“善法”，并按人类伦理道德规范行事；坚决抵制智能武器的开发和应用，严格限制智能产品使用武器的能力，尤其是使用高能武器的能力；注重专能机器人的研发，限制全能机器人的设计，消除当机器人具有自我或反思能力时毁灭人类的可能性，始终将人机关系的主导权牢牢掌握在人类的手中。

（三）守护公平正义

智能时代将对人类整体幸福带来一些不利影响，如失业人数增加、贫富差距拉大、偏见歧视频现，导致人类对公平正义的价值追求可能无功而返，而这就迫切需要工程师积极应对，勇于担责。

首先，智能时代可能导致失业率飙升，贫富差距加大。赫拉利在《未来简史》中指出，人工智能的大量应用必将导致众多人失业。美国莱斯大学教授瓦迪表示，2045 年人类失业率将超过 50%。2016 年世界经济论坛预测，在 2020 年全球 15 个主要的工业化国家中，将有 510 万个就业岗位流失。以富士康为例，截至 2016 年，富士康在中国各大生产基地安装了 4 万台机器人，受此影响，富士康员工数量减少了 6 万人。失业率飙升是机器人接管人类工作和生活的开始，随后还将导致巨额财富集中到少部分掌握智能技术的高科技企业或国家手中，由此，全球贫富差距将进一步扩大。

其次，智能时代的偏见或歧视频现。2018 年 2 月的《纽约时报》刊文指出，如今非常热门的人脸识别技术，针对不同种族的准确率差异巨大；在 2016 年首届“国际人工智能选美大赛”上，基于“能准确评估人类审美与健康标准”的机器人专家组对人类面部进行评判，比赛的获胜者都是白人。类似案例充分说明，当前人工智能在研发或设计方面的偏见或歧视大量存在，亟待改进。尤为危险的是，人工智能还可能强化所习得的偏见，导致偏见走向深度化和普遍化，而不能像人一样有意识地去抵制或克服。

智能时代的工程师应化解社会矛盾，消除偏见与歧视，主动担负起守护公平正义的伦理责任，并在工程实践中尽力做到：始终坚持公平原则，在工程设计或人工智能产品开发中，应充分考虑各种因素，避免由于人为因素造成的不平等；始终坚持正义原则，以大多数人的幸福为基本出发点，让智能产品造福全人类而不仅是为少数人服务；在坚持公平正义原则的同时，还应对工程实践导致的利益受损方包括自然在内给予必要的爱护与补偿。

智能当道，未来已来。为实现人机和谐共处、人类永续发展，智能时代工程师的伦理责任并不仅囿于以上范围。立足长远，工程师作为智能时代的重要一员，应站在人类命运共同体的高度，直面问题、团结协作、化解矛盾，积极担负起智能时代应有的伦理责任，为增进人类福祉而不懈努力。

第三节　工程建设中的诚信伦理

案例导读

丰田北美召回 5.2 万辆汽车：车辆存在冷却液泄漏隐患

丰田汽车北美公司正在召回大约 52000 辆可能存在冷却液泄漏的汽车。此次召回的车型包括 2020 年款的丰田 Avalon 混动、凯美瑞、凯美瑞混动力、雷克萨斯 ES 300h、丰田 RAV4 和 RAV4 混动。丰田在周四的一份声明中表示，此次召回涉及美国市场大约 4.4 万辆汽车。

据了解，受影响的车辆可能安装了未正确生产的发动机缸体，这可能导致发动机正常工况运行期间令内部或外部冷却剂泄漏。公司表示，这可能导致发动机噪声、发动机起烟、警示灯/故障指示灯亮起，以及在某些情况下，发动机过热导致最终损坏。报告认为，如果泄漏发生在传统的汽油车上，“汽车在高速行驶时可能会失速”而没有任何警告，这增加了事故风险。在混合动力汽车和汽油汽车中都有可能发生的情况是，冷却剂泄漏造成的发动机损坏可能会进一步导致机油泄漏，“在存在火源的情况下，这可能会导致起火风险增加”。

1 月 22 日，该公司宣布在全球召回 340 万辆汽车，其中美国市场涉及 290 万辆，因电子缺陷可能导致安全气囊无法在撞车事故中启动。

一、工程建设中的伦理问题

工程建设是工程活动中的重要一环，也是直接关系人民生命和财产安全的重要一环，如果在制造或建造中玩忽职守、弄虚作假，会给社会带来难以挽回的损失。

比如，我国对那些由于偷工减料等原因造成不坚固的容易毁坏的工程有个别称——“豆腐渣工程”，这个别称是在 1998 年大洪水期间传扬开来的。1998 年 10 月，浙江省水利厅和杭州市政府联合调查组在对钱塘江下沙标准海塘工程进行检查时，根据群众举报，发现一段造价近 500 万元、按照百年一遇标准设计的标准海塘，在其关键部位的基础沉井中，竟然被施工单位用泥沙代替混凝土回填了进去，造成严重质量隐患，时任国务院总理朱镕基站在洪水滔天的九江训斥其是“豆腐渣工程”。豆腐渣是没有黏性的，粉碎而且脆弱，用它来比喻那些烂工程再合适不过。从此，“豆腐渣工程”就成为烂工程的代名词。

不仅工程建造中的违反道德行为会造成恶果，工程制造中的不道德行为同样会危及人身及财产安全。

二、工程建设中的伦理准则

工程制造与建造过程中的伦理准则主要有：

1. 依法制造或建造准则

工程师应严格按照法律规定进行工程制造或建造活动，不得随意违背国家标准。工程制造或建造活动是一项科学活动，有其自身的客观规律，违背客观规律、自以为是、玩忽职守，都有可能造成难以挽回的损失。如《中华人民共和国建筑法》第三条规定：“建筑活动应当确保建筑工程质量和安全，符合国家的建筑工程安全标准。”第十四条规定：“从事建筑活动的专业技术人员，应当依法取得相应的执业资格证书，并在执业资格证书许可的范围内从事建筑活动。”

2. 诚信准则

工程建造和制造中有时会因为这样或那样的问题导致工程或产品质量出现问题，危及相关人员财产或人身安全。工程人员工作在第一线，通常能够获得第一手资料，最先发现这些问题。工程人员不说假话、不故意隐瞒事实真相、及时传播信息是防范和减少事故发生的首要保障。显然，随着科学技术的进步，工程活动将越来越复杂，因此也越来越离不开专业技术人员对工程项目的解读，也更加要求工程技术人员遵守诚信准则。

3. 人道主义准则

不仅工程研究存在用技术服务人类的问题，工程建造和制造过程中同样存在。与工程研究中的安全准则不同，工程建造和制造过程中的安全准则包括两个方面：一是强调工程建造和制造过程中对相关工作人员安全防护要到位，《中华人民共和国建筑法》《中华人民共和国劳动法》等法律法规中均对此有所规定；二是强调不得因工程建造和制造过程中出现的纰漏增加工程对人类安全的危害，比如偷工减料、以次充好等。

4. 勤勉忠实准则

这一准则不仅要求工程人员应尽力维护雇主的权益，对雇主忠实、勤勉地完成雇主交付的工作任务；也包括对工程人员从事质量管理义务的要求，即对工程建造和制造过程必须实行严格的监控，积极防范和减少工程质量问题。

工程人员在工程建造和制造过程中违反道德的行为不仅会受到舆论的广泛谴责，在法律上也应承担相应的责任。不仅要承担赔偿损失等民事责任，还包括取消从业资格等行政处罚，甚至承担刑事责任。比如《中华人民共和国刑法》第一百三十七条规定：“建设单位、设计单位、施工单位、工程监理单位违反国家规定，降低工程质量标准，造成重大安全事故的，对直接责任人员，处五年以下有期徒刑或者拘役，并处罚金；后果特别严重的，处五年以上十年以下有期徒刑，并处罚金。”

第四节　工程试验中的诚信伦理

案例导读

技术报告显示雷诺排放造假或在法面临起诉

据《欧洲汽车新闻》5 月 13 日报道，雷诺可能会因排放造假问题面临法国法院的起诉。法国《世界报》报道称，技术报告证实，雷诺的部分柴油车型实际污染物排量高于官方测试数据，存在造假行为。

2015 年，大众集团承认在发动机软件中安装了“减效装置”来应对美国的柴油车测试，引发了监管机构对于柴油车排放的关注。随后，几个欧洲国家也对此现象展开了调查。他们发现，欧宝、雷诺和菲亚特克莱斯勒的一些车型在行驶途中的氮氧化物排放量比监管规定的上限高出 10 倍以上，而且还广泛使用减少或关闭尾气处理的设备。

2016—2017 年，法国检方对大众、雷诺、标致雪铁龙集团（PSA）和菲亚特克莱斯勒展开刑事调查，调查仍在继续。

一、工程试验中的诚实问题①

“工业生物检验”公司是美国最大的独立经营的检验实验室之一，负责

① 资料来源：李世新．工程伦理中的若干诚实问题［J］．北京理工大学学报（社会科学版），2011，13（5）：132－138．

对多种化学品、药品和食品添加剂进行安全和效能方面的检验。1981 年 6 月，这家公司的总裁和另外 3 位高级官员因伪造检验结果罪而受到起诉。起诉书指控该公司在 1970—1977 年期间，在 4 项动物研究中伪造数据。这一案例不是孤立的。1980 年，美国食品药品管理局的一位官员说，在美国约 12000 个临床研究人员中，“干了某种（与诚实的研究）不相称的勾当的，也许多达 10%”。

为什么工程试验中容易出现弄虚作假行为呢？通过把工程试验中违反诚实原则的情形与科学研究中违背诚实原则的情形进行对比，可以更好地说明工程试验中诚实问题的特点。

（一）工程试验中（不）诚实问题的特点

工程试验（或技术检验）的活动特点不同于科学实验，其中涉及的不诚实问题的特点也不同。

科学探索未知，严格来说其实验结果事先不可预见，所以需要科学家格外认真仔细，如实记录实验结果，而且恰恰是所谓“反常的”实验结果更具有创新的价值。与此不同，一般而言，工程试验尤其是技术检验，其目标很明确（例如，判定待检样本是否符合标准），预先有明确的、精确量化的标准作为对比，所以容易使试验人员带有较大的主观倾向性，得出所谓预期“正确的”结果。

技术检验的操作程序、试验步骤一般已经标准化，由此引起的问题是工作枯燥乏味，单调重复，容易造成试验人员例行公事，参照以往记录凭空登记试验结果。正如美国学者戴维斯（M. Davis）在评论普通公众把技术失败归咎于工程师、而把技术成功归功于科学家所指出的，科学家做实验而且科学实验一般都失败了，而工程师所搞的工程通常都成功了，所以，工程师的失败就格外引人注意，就像科学家的成功引人注意一样，因为这些都是出乎预料的结果。

检验结果如何，其影响关系重大。例如，若生产的产品检验合格，就可以投放市场挣得利润，而若产品经检验被判定为不合格，则意味着报废和损失，因而检验人员面临着很大的机构压力。所以不足为奇的是，有些产业部门的企业为科学家和工程师的工作设定了条框，要求他们必须得出管理层所需要的结果。

（二）违反工程技术规范的后果更加严重

技术规范、操作规程、产品标准，尤其是涉及人身安全、环境保护等方面的技术规定，是经过长期工程实践所形成的，具有比较高的可靠性，既是成功经验的结晶，也是失败教训的总结，甚至是以鲜血和生命为代价取得的。例如，美国锅炉和压力容器标准，就是在蒸汽机船锅炉爆炸，造成重大人员伤亡和财产损失的背景下制定的。19 世纪后半期，英国对铁路和机车投入运营的验收标准，也是在发生铁路桥梁倒塌，造成车毁人亡灾难之后才逐步确立和完善起来的。各种技术规范和标准，既能确保操作的高效率，也是工人及用户人身安全的保证，因此，必须不折不扣地执行。如果在这方面不老实，马虎懈怠，其后果要比科学中不诚实所造成的后果严重得多，将对人身安全和社会财产造成直接的重大的危害。

(三) 外界压力是工程不诚实的主因

工程技术中出现不诚实的根源不同于科学家科研作弊的根源。一般地，工程技术中的不诚实，其行为动机不是工程师为了个人的名誉，而多是出于现实的经济利益的考虑，尤其是迫于外界（主要是企业）的压力。工程师的工作环境不同于科学家，一般科学家是在相对隔离/封闭的实验室里工作，科学家个人或群体的行为自主性较大；而工程活动一般发生在企业的研究与开发、试验、生产或施工现场，除了工程技术人员个人因素外，企业的经济压力是造成违反诚实规范的主要因素。西方工程伦理学中的大量事例都反映了这一点。

(四) 对违规行为的处理不同

对违反诚实规范的违规行为的处理不同。在工程领域中，由于工程学科门类繁多，工程活动领域宽，工程学会组织分散，到目前为止还没有类似科学共同体中所形成的比较合适、完善的自我管理机制，对违规工程师的处理，通常是由工程师的工作单位（主要是企业）负责。这样，由于企业压力而违规的工程师往往会受到企业经理的庇护，很少受到处罚。

马克思在批评马尔萨斯在科学上的欺诈等行为时，曾经指出，“一个人如果力求使科学去适应不是从科学本身（不管这种科学如何错误），而是从外部引出的、与科学无关的、由外在利益支配的观点，我就说这种人‘卑鄙’。”工程也是如此，工程诚实也要求忠实于工程本身的规定性。

工程本身有哪些规定性呢？戴维斯指出，同其他专门职业一样，工程职业标准包括技术标准（technical standards）和伦理标准（ethical standards）两个方面的内容。伦理标准直接规定了工程师的何种行为是合乎道德的，而技术标准也具有伦理意义：合伦理地行动，要求工程师遵守技术标准。这也正是工程诚实的具体要求。就是说，在这个意义上，工程活动中的诚实，突出表现在忠于工程技术标准，严格执行技术操作和运行规程。

实践证明，诚实是确保工程质量、实现工程为民造福的根本。许多工程灾难的发生，其中一个重要原因就是在工程建设过程中存在着偷工减料，弄虚作假行为。

二、工程试验中的伦理准则

工程师在工程试验中应遵循下列准则：

1. 诚信、正直准则

无论从事何种工程试验工作，诚信、正直都是从业人员的基本准则。不出具虚假检测报告、不徇私舞弊、不偏袒维护，严格执行各项国家和行业标准，依法、独立开展试验检测活动，客观、公正出具检测结果，才能保证试验数据的可靠性和试验结果的有效性。

2. 勤勉准则

试验检测是工程质量控制和评判的重要基础，对保证工程质量起着举足轻重的作用，随着行业管理的不断加强，工程试验检测行业发展迅速，市场规模不断扩大，为提高工程质量起到了保障作用。工程试验检测是一项十分辛苦和细致的工作，容不得丝毫马虎和大意，数字、字词的一点差错，可能就谬之千里。

3. 人道主义准则

工程试验中也应坚持人道主义准则。在“三鹿毒奶粉事件”中，当多家媒体根据消费者的投诉追问三鹿奶粉是否存在质量问题时，三鹿集团却坚称自己是严格按国家标准生产的，产品质量检测合格。原因是当时我国相关法律对食品添加剂的使用规定不健全，三聚氰胺也未纳入食品检测项目中。直至事态愈演愈烈后，才引起对奶粉中三聚氰胺含量的检测措施。对违法使用添加剂和添加非法物质的监控不到位，是导致三鹿奶粉事件发生的重要原因之一。随着社会的发展，检测标准落后于工程技术发展的情况不会少见，因此，工程人员理应本着人道主义精神，对可能危及人类生命与健康的工程项目实施严格检测，检测范围不应以国家规定为限而应以最大限度保护人们的生命健康为准。

4. 忠实准则

忠实不是对雇主而言，而是对检测事业的忠诚。在工程检测中，工程人员不仅对来自于委托方的不合理要求要敢于说不，对来自于雇主的不合理要求同样要敢于说不。实践中，雇主基于经济利益要求检测人员出具虚假报告的情况并不少见，因此，对职业的忠实是对检测人员的重要伦理要求，也是确保检测数据真实、工程质量合格的重要条件。

第五节　工程师作为专家证人时的诚信伦理

案例导读

上栗县检察院首次引入专家证人出庭作证

2020 年初，龙某、杨某非法采伐国家重点保护植物刑事附带民事公益诉讼案在上栗县法院开庭审理，两名林业工程师作为专家证人出席法庭，这是上栗县检察院首次在刑事附带民事公益诉讼中引入专家证人出庭作证。

2018 年 5 月，龙某、杨某在未经林业主管部门批准的情况下，擅自在上栗县某山岭上非法砍伐国家二级保护植物香樟树 7 棵，涉嫌构成非法采伐国家重点保护植物罪。同时，两人的行为严重破坏国家野生植物资源，危及了当地生态系统的多样性和水土等环境，应共同承担侵权责任。上栗县检察院遂对两人提起刑事附带民事公益诉讼。庭审中，林业工程师作为专家证人，接受了法庭询问，并就本案生态功能修复提出专家意见，对相关疑问进行解答，为案件办理提供专业化保障。

在涉及工伤事故、产品缺陷、建筑质量、专利侵权，以及其他需要复杂高深的技术知识的领域里，工程师常常在法庭上担任专家证人。在国外，担任法庭工程师（forensic engineer）是相当数量的工程师的一个就业渠道。①

初看起来，与律师的角色一样，工程师在法律体制中采取一种无限制的对抗的（adversarial）角色似乎是被允许的。律师是被允许甚至被要求只说出有利于其客户的一面之词的，而律师雇佣工程师来为他们客户的利益服务，既然如此，为什么不能将工程师看作是律师的延伸呢？因为对抗的另一

① 资料来源：李世新．工程伦理中的若干诚实问题［J］．北京理工大学学报（社会科学版），2011，13（5）：132－138．

方也可以雇佣工程专家去为自己服务。

确实，在法庭这种对抗环境里，工程师对雇佣他们的客户负有特殊的责任。他们有义务准确地声明自己的资格，进行彻底的调查以备当要求在法庭上作证时提出专业意见。他们还负有保密的责任，不能向对方泄露调查的内容，直到法庭或他们的律师要求这样做。或许最重要的是，工程师作为证人，不要求他们主动说出有利于对方的证据。他们回答问题必须诚实，但是，提出相关的问题则是对方律师的责任。

但是，不能由此得出这样的结论，即工程师的作用就是谁给他们出钱，他们便替谁歪曲事实真相。工程师的基本责任是在发现事实时保持客观，并且诚实地表达事实真相。

多年从事专家证人的工程师 T. A. 亨特，在一次美国机械工程师学会的冬季年会上，总结工程师做法庭专家证人的体会时评论说，“在法庭上，工程师必须值得信任。这种信任取决于工程师的工程知识、案件的特殊性，特别是法庭的程序。”这在工程师中间形成广泛的共识，即工程师不能成为从事赤裸裸谎言和按给他们付顾问费的人的意思歪曲真相的“受雇枪手”（hired gun）。

一、工程师作为专家证人时的压力

当然，在法庭这种对抗环境中，存在着各种要求歪曲真相的压力和诱惑。

1. 经济上的偏见

仅由诉讼中的一方给工程师专家付费，这样的制度安排可能造成某种偏见，影响工程师的调查、证词甚至其个人资历的表示。此外，如果工程师是按成功酬金付费的，即只有赢了官司才能得到报酬，那么，这种经济上的偏见就会大大增加。

2. 自我偏见

在法庭这样对抗的情形，很容易激发影响判断客观性的态度。工程师很容易受与对立双方中他们“自己的”一方相认同的倾向的影响，自己的一方被看作是无辜的受害者，而另一方则被看作是有罪的。

3. 同情偏见

恻隐之心人皆有之。对弱者的同情容易使自己认同受害者。这种同情偏见也会干扰对事实纯粹无私的、公正的调查。

二、工程师作为专家证人时的伦理准则

为了克服这些干扰，确保工程师作为专家证人的诚实性，美国学者哈里斯（C. E. Harris）等人提出，工程师做专家证人，应当遵循下列几项准则：

第一，如果没有足够的时间去彻底调查，他就不应当接手这个官司。草率的准备，不论是对客户，还是对专家证人的声誉都是一种灾难。做准备不仅要掌握一般的技术知识，而且要对特定案件，以及证人将要作证的法庭的程序等具体知识有所了解。

第二，如果不能凭良心作证，他不应当承接案件。就是说，他应当诚实地作证，不能觉得需要隐瞒、压制某些信息以便使自己的客户显得更占优势。

第三，工程师应当不断地与律师交换意见，以便律师尽可能地熟悉案件的技术细节，从而使专家证人为交叉质询做好准备。

第四，证人应当保持客观、不偏不倚的立场。这包括坚持回答所提的问题，保持平和的心态，即使是在交叉质询情况下也要平心静气。

第五，证人应当总是乐于接受新的信息，修改自己的观点。

为了克服偏见，保证证词客观真实，法院也采取了一种平衡机制，即允许双方当事人都聘请专家证人，并且允许对方律师质询专家证人的证词（即交叉质询）。有人还建议，为了能够使工程师独立于利益纷争，保持客观、超脱的立场，工程师这些专家证人应当由法庭出资聘请，为法庭服务，而不应当由诉讼当事人双方来聘请，仅为诉讼当事人服务。

本章小结

本章重点论述了工程师在各类工程活动中所应遵循的伦理准则。除忠诚等传统伦理准则外，人道主义精神越来越成为工程师职业伦理中的重要内容，一个不关心、不尊重他人的工程师是不可能高质量地完成工作的，也不符合现代社会对工程师的基本要求。人道主义包含两种含义：一种是作为世界观和历史观的人道主义；另一种是作为伦理原则和道德规范的人道主义。

随着科技的进步，技术越来越先进，工程师的诚信义务也越来越引起人们的重视，人们越来越依赖于工程师们对技术的说明和解释来维护自己的财产利益、保持身体的健康，甚至生命的安全。作为一名工程师，应该学会在工程、工程建设、工程试验、工程商业、社会事务活动中分析和处理诚信和伦理问题。

案例分析

松花江水污染事件

2005 年 11 月 13 日，中国石油天然气股份有限公司吉林石化分公司双苯厂硝基苯精馏塔发生爆炸，引发松花江水污染事件。

国务院事故及事件调查组认定：中石油吉林石化分公司（以下简称吉化分公司）双苯厂“11·13”爆炸事故和松花江水污染事件是一起特大生产安全责任事故和特别重大水污染责任引发松花江水污染事件。污染事件的主要原因：一是吉化分公司及双苯厂对可能发生的事故会引发松花江水污染问题没有进行深入研究，有关应急预案有重大缺失；二是吉林市事故应急救援指挥部对水污染评估不足，重视不够，未提出防控措施和要求；三是中国石油天然气公司和股份公司对环境保护工作重视不够，对吉化分公司环保工作中存在的问题失察，未能及时督促采取措施；四是吉林市环保局没有及时向事故应急救援指挥部建议采取措施；五是吉林省环保局对水污染问题重视不够，没有按照有关规定全面、准确地报告水污染程度；六是国家环保总局在事件初期对可能产生的严重后果估计不足，重视不够，没有及时提出妥善处置意见。

问题：就以上案例，谈谈对工程师诚信和伦理准则的认识。

思考题

1. 简述工程师的人道主义情怀。
2. 简述工程师在工程试验中的伦理准则。
3. 工程师在工程商业和作为社会公共政策顾问时的伦理准则有何不同？

第五章　管理决策

本章主要介绍决策的选择、制定和组织，如何采用更精准的模式来组织决策，重点分析传统决策程序、多阶段决策程序和战略决策模式。

第一节　多阶段决策

案例导读

立石电机公司：经营制胜之道

立石电机公司是日本最大的控制设备制造企业，它生产的可编程控制器，被广泛应用于各行各业，成为工业自动化的核心产品。

名噪一时的“生产者体制”，就是由立石电机公司提出的。依靠这种经营体制，立石电机公司踏上了腾飞之路。在20世纪70年代石油危机后，立石电机公司又毅然废除了“生产者体制”，但公司却取得了更大的发展。

一、　艰难创业

立石一真出生于1900年，这个时期正是人类历史上变化最剧烈、发展最快速的时代，立石曾风趣地说：“上帝让我与20世纪一同来临，就是要我去做出一番事业的。”

本着这个信念，立石从小就对科学产生了浓厚的兴趣。但在报考大学时，立石却报考了当时属于冷门的电气工程专业。他从欧美发达工业国的发展史中得到启示：现代工业社会是飘浮在电流上的巨轮，离开了电，这艘巨轮必将搁浅。

在熊本大学电气工程系，年轻的立石发奋苦读，不到21岁就以优异的成绩拿到了大学毕业的文凭，成为兵库水电厂最年轻的工程师。但一年后，立石辞掉了这家国营发电厂的工作，换到一家私营电气制造公司工作。他决心制造出更多、更实用的电气产品来推动日本电气工业的发展。

1929 年，美国纽约股票市场崩溃，其冲击也波及日本，整个日本经济陷入明治维新以来最严重的萧条期。成千上万的员工被解聘，立石也是其中一员。从人人称赞的青年才俊而落魄到流浪街头的失业者，立石的心灵蒙受了极大的打击。他暗下决心，一定要闯出一番事业来证明自己的价值。

靠手头仅有的积蓄，立石租赁了一家小工厂，开始生产面向家庭的电气产品，但市场销路平平。

立石再次把目光转回到工业电气领域。一个偶然的机会，他从报纸上了解到医学界正在被 X 光曝光控制问题所困扰。这条消息给苦苦寻觅新产品的立石以极大的启发：用高速度的电流来精确地控制曝光时间。

以感应继电器为核心部件，立石研制出了将曝光时间控制在 1/20 秒的 X 光曝光定时器。产品虽然成功地问世了，但此时的立石已经穷困潦倒，根本没有资金投入批量生产。无奈之下，他不得不求助于大日本 X 光公司，接受了该公司的全部苛刻条件，才使 X 光曝光定时器得以投产。然而，该产品绝大部分利润都进入大日本 X 光公司的腰包，立石只能分食残羹。

二、　初获成功

虽然这是一次不平等的合作，但立石却获得了喘息之机，他可以不必再为衣食琐事而四处奔走，静下心来专心致志地从事新产品开发。1934 年初，他研制成功了感应式保护继电器。这种继电器是许多工业电气设备上所不可缺少的关键零部件，它给立石的小企业带来了更广阔的市场和全新的发展机遇。

1934 年底，一场罕见的台风导致日本西部海岸惨遭巨大的损失，那里云集着日本众多企业。为恢复生产，各厂家急需大批感应式保护继电器。一向冷冷清清的立石小工厂突然忙碌起来，要求修理和订购继电器的订单堆积如山。立石索性把生产定时器的业务全部交给大日本 X 光公司，自己专心从事继电器制造业务。定时器是立石制造的最后一项专用产品，从此以后，他把精力全部投入到通用电气零部件的生产上。

飞速发展的工业化进程，使得通用电气零部件的销路大开。立石把生产规模一扩再扩，到 1937 年，他已拥有 3 家大工厂，并在东京和大阪两大工业基地开设了办事机构。

第二次世界大战中，立石也被卷入军工产品生产商之列，他曾为日本空军制造过风门开关，也转包过著名军工企业三菱重工公司的大批军用品生产任务。不过，对立石未来发展产生重要影响的事件，当属为东京大学研制微动开关。微动开关也称精密开关，是当今工业生产中最重要的部件之一。尽管当时微动开关尚未普及，但它却为立石电机公司日后的发展埋下了伏笔。

战火虽然把日本的经济基础焚烧殆尽，可日本的众多水力发电厂却奇迹般地完好无损。只要有电就有电气产品的用武之地，电流托浮着千疮百孔的日本经济之船艰难地启航了。

经济复兴工作的全面展开，造成日本电力供应紧张的局面。为控制电力需求的增长，日本政府向企业界征购限流器，立石抓住这个机会，在 1948 年把自己的企业改组为立石电气制造公司，全力投入限流器的制造中。

朝鲜战争的爆发，给立石电气制造公司带来了新的发展机遇。美国放宽了对日本经济发展的限制，使日本工业界迎来了战后全面起飞的黄金时代。一时间，继电器、微动开关等电气部件的需求量激增，1953 年立石电气制造公司的员工数量比 1949 年翻了一番。

欣欣向荣的立石电气制造公司并没有使立石陶醉其中，他在百忙之中放下手头工作，亲赴美国进行考察。他称“美国的今天就是日本的明天”，考察可以帮助公司明确发展方向。

在美国，给立石留下深刻印象的是美国工业生产的自动化程度，几乎任何一家工厂都拥有自己的自动生产线，既降低了产品成本，提高了产品质量稳定性，又简化了生产管理。他确信日本工业界也必将走上生产自动化的发展之路。为此，立石在回国后立即对公司的经营体制做了重大改革。

立石认为，未来的电气产品更新换代速度将越来越快，企业的经营重点应从“面向生产”转为“面向市场”。以前的总公司集权管理的“决策者体制”显然不能有效地适应市场变化，只有将权力下放给对客户要求最敏感的生产销售第一线部门，实行“生产者体制”的分权管理方式，才能紧紧跟上市场发展的脚步，始终立于不败之地。实行“生产者体制”后，立石电气制造公司把生产权和人事权下放给各个工厂厂长和子公司的经理，由他们根据市场变化，及时投产新产品、招募新的专业人员。从此，立石电气制造公司连续推出层出不穷的新产品，如无触点开关、应用于医学及生物学领域的应力计、综合售货机，以及多种控制设备。到 1967 年，公司的年产值创下了 8 年增长 10 倍的记录，达到 100 亿日元。一年后，公司更名为立石电机公司。同时，公司还雄心勃勃地定下了 5 年奋斗目标，声称要在 1974 年使产值达到 1000 亿日元。

三、 遭受挫折

1973 年的石油危机击中了日本经济的要害。这个资源贫乏的岛国，出现了自二战以来最严重的经济衰退。各企业纷纷压缩规模，削减开支，以求渡过难关。

在“生产者体制”指导下，立石电机公司规模过大涉足领域众多，所以受到很大的冲击。1974 年，公司不仅没有达到 1000 亿日元产值的目标，反而在 1975 年和 1976 年连续遭遇亏损赤字。

四、 重振雄风

为扭转颓势，立石电机公司顺应潮流，果断放弃了当年名噪一时的“生产者体制”，精简管理层次，重新收回下放的权力，由总公司进行宏观调控。另外，立石电机公司对产品发展方向再次做出重大调整，一反五六十年代分门别类、各成一体的做法，重新以开发通用性电气部件为主。但这绝不是简单的轮回，而是螺旋上升。新的通用电气部件，采用了自动控制技术，安装有程序控制器，可根据各种具体用途进行编程处理，提高了产品的专用性。

立石电机公司也就此走出低谷，在 1978 年实现产值 1010 亿日元，虽然比原计划推迟了 4 年才达到这一目标，但却使立石电机公司对未来的前途更加充满信心。

20 世纪 80 年代世界经济仍处于低谷状态，日本企业界还雪上加霜地遇到棘手的日元升值难题。可立石电机公司却扬眉吐气地急速发展，在 1988 年产值高达 3150 亿日元。这正是立石电机公司在 70 年代果断调整经营体制和产品发展方向的结果。

由于从制造适用范围狭窄的专用控制电气部件转入生产通用性极强的可编程控制部件，立石电机公司的产品成本总体上呈下降之势，客户范围却呈增加之势。许多日本企业在日元升值之后，为继续保持产品价格优势，下决心提高生产自动化程度，这使得立石电机公司的产品在国内拥有了不断扩大的市场。与此同时，立石电机公司利用日元升值之机，大量从中国台湾和韩国进口廉价电气零件，然后将它们组装成可编程控制器在国内外市场销售，谋得巨额利润。

就这样，在世界经济衰退这一特殊背景下，立石电机公司借助日元升值这一特殊情况，以通用性极强的可编程控制器这一特殊产品，取得了令人难以置信的特殊业绩。

一、决策的选择

（一）决策选择的步骤

第一步：确定问题，一一诊断。

第二步：列出可行性方案。

第三步：列出重要考虑因素或限制因素。

第四步：评估各种可行性方案的优劣后果。在这一步中，应该注意以下4项重点内容：

① 专注于各方案不同的因素。

② 应用会计资料。

③ 应用递增、边际成本及收益观念。

④ 应用预测方法把无形因素变为数字，与有形因素一起计算。

第五步：在决定选取其中一个之前，必须再确定一下我们要解决此问题的目的到底是什么？要确定这个问题，应注意5点：

① 价值应是从目的衍生而出的。

② 价值应配合社会的价值，不能离开环境而独存。

③ 价值应是代表公司的价值，不是个人的价值。

④ 要注意价值常随数量的增加而递减，即要认识效用递减原理。

⑤ 要考虑不确定的因素，以免误算。

第六步：把价值比重放在可行方案中各因素的数字上后，即可算出何者最能满足目的，因而选取该方法来解决我们的问题。试验决策可靠性的方法有6种：

① 听听“反面意见”，看看是否能圆满地回答这些反面意见。

② 把广泛地决策制订成详细的执行方案，看看会不会遇到“不切实际”的困难。

③ 再考虑当实施该方案时，支持其过关的假设因素是否真正健全。

④ 再次审查在第三步骤中被首次剔除的可行性方案是否有草率行事之嫌。

⑤ 带决策请教同仁或专家进行评估。

⑥ 试制或试销。

(二) 理智执行决策过程

每个管理者都必须执行“理智”决策过程。若依照这种过程，个人的感情成分就会被压至最低程度，决策就会有成效。目前最先进的数量性管理工作（或称管理技术），大多可用于第四步骤（评估优劣），而最具价值判断性的观念则用于第五步骤（确定目的）；专门性的知识出现在第三步骤及第二步骤（考虑因素及可行方案）；考验一个人的认识力程度则出现在第一步骤（确定问题及诊断）。

二、决策的制定

(一) 决策步骤

在做决定前请多考虑：这种决定必须由你来做吗？你必须决定什么？你必须在何时决定？还有其他你必须要知道的吗？你将如何做决定？

(二) 解决问题的步骤

第一步：收集所有的事实。技巧有三：第一，多问；第二，多看、多听；第三，多读。

第二步：测验所有收集的事实资料的可靠性和可用性。标准有二：第一是资料准确度；第二是资料关联性。

第三步：抛弃非理性的思考。即克服成见、先入为主的观念和感情用事的行为习惯。

第四步：制订一种试探性的解决方案。

第五步：采取必要的行动将方案付诸实施。

三、多阶段决策程序

(一) 多阶段决策概论

企业机构的管理者，在处理业务中，常会遇到复杂性问题，有时须分解为若干局部性问题，以便分别来研究，最终求得适当的答案。这种研究问题的方法，称为多阶段决策程序。

多阶段决策的问题，主要目的在于如何将有限的资源，适当分配到机构的各项活动中，以获得最大的收益。

此类问题具有下列诸项特性：各项活动均互不依属，具有独立性；每项活动所得的权益，须视所分配资源的多寡而定；资源分配到各项活动所得的总收益，为各项活动所获得的收益的总和。

（二）**多阶段决策模型**

多阶段决策程序应用数学的重现概念，将整个问题分为若干阶段，每个阶段都有其决策性。

现根据上述概念，利用数学模式说明如下：

设 Q 代表某项资源的数量，h 代表各项活动的数量，x_i 代表资源分析与第 i 项活动的数量，$g_i(x_i)$ 代表资源 x_i 分配与第 i 项活动的收益函数，$f_n(Q)$ 代表将资源 Q 分配到各项活动所得的最大总收益。

资源的总数量为 Q，若悉数分配于 n 活动，则由于 Q 的数量有限，依原意可导出下列方程式：

$$Q = x_1 + x_2 + x_3 + \cdots + x_n$$

亦即

$$Q = \sum_{i=1}^{n} x_i,\ x_i \geqslant 0 \tag{5-1}$$

机构中各项活动均具有独立性，则此资源分配到各项活动所得的总收益，应为各项活动所得收益的总和，可用下列函数方程式表示为

$$\sum_{i=1}^{n} g_i(x_i) = g_1(x_1) + g_2(x_2) + \cdots + g_n(x_n)$$

欲求出总收益的最大值，可用下列方程式求得：

$$f_n(Q) = \max \sum_{i=1}^{n} g_i(x_i),\ x_i \geqslant 0 \tag{5-2}$$

若在此资源总数量中将 x_n 分配给第 n 项活动，则所余的资源数量 $Q - x_n$ 就分配给其他 $n-1$ 项活动。所获得的总收益应为

$$g_n(x_n) + f_{n-1}(Q - x_n)$$

式中，$g_n(x_n)$ 指当资源的数量 x_n 配给第 n 项活动时所得的收益；$f_{n-1}(Q - x_n)$ 是指所剩余的 $Q - x_n$ 资源配给其他 $n-1$ 项活动时所得的收益，两者的和即为资源 Q 分配给各项活动的总收益。欲求此总收益的最大值，建立下列函数方程式：

$$f_n(Q) = \max_{0 \leqslant x_n \leqslant Q} \left[g_n(x_n) + f_{n-1}(Q - x_n) \right] \tag{5-3}$$

根据此函数方程式的推算，可求得最大总收益的 x_n 值。上式为多阶段决策程序的基本演算模式。

若将全部资源 Q 分配给 1 项活动，即 $n=1$，则所预期的收益就为

$$f_1(Q)=g_1(Q) \tag{5-4}$$

若将该资源 Q 分配给 2 项活动，即 $n=2$，则所预期的最大总收益，可由下列方程式演算获得：

$$f_2(Q)=\max_{0\leqslant x_2\leqslant Q}[g_2(x_2)+f_1(Q-x_2)] \tag{5-5}$$

式中，$g_2(x_2)+f_1(Q-x_2)$演加后变为

$$g_2(0)+f_1(Q-0)$$
$$g_2(1)+f_1(Q-1)$$
$$g_2(2)+f_1(Q-2)$$
$$\cdots\cdots$$
$$g_2(Q)+f_1(0)$$

因为 $g_2(x_2)$与$f_1(Q-x_2)$为已知函数值，所以据此则可求得$f_2(Q)$最大时 x_2 的值。

同理，若该项资源分配给 3 项活动时，即 $n=3$，则预算最大总收益的方程式为

$$f_3(Q)=\max_{0\leqslant x_3\leqslant Q}[g_3(x_3)+f_2(Q-x_3)] \tag{5-6}$$

以此类推，并依此顺序进行，即可求得各阶段最有利的决策，而最后阶段最有利的决策，即为整个问题达到最大总收益的最佳策略。

第二节　组织与战略决策

案例导读

ENI：实施国际经营方略

意大利国家能源控股公司（ENI）控制着 400 余家分公司，拥有 10 万多名员工，年销售额高达数百亿英镑。它积极从事多个领域的业务：碳氢类和其他燃料的勘探、开采和输送；石油化工；机械制造；冶金；金融；工程建筑；其他业务如旅游、印刷、软件开发以及工业转轨（指将现有某厂转产或是采用不同工艺生产同一产品）等。它的巨大成功得益于决策者非凡的经营头脑与国家的有力支持。

20世纪30年代经济危机发生后，意大利成立了至今仍是该国石油集团中的龙头企业的国家石油总公司（AGIP）。与此同时产生的还有从事炼油的ANIC；与盎格鲁—伊朗石油公司合建的IROM；与新泽西标准石油公司合建的STANIC；二战后政府还创建了经营甲烷输送管道的SNAM公司和SAIP钻探集团。上述各公司在二战后全国工业重建过程中一并组合起来，成为ENI国家能源控股公司。

ENI创建的所有意大利碳氢能源领域企业的大联合，很大程度上是其首任总裁恩里科·马推的杰作。此人是个精明强干的企业经理，具有国家主义、集体主义、平等主义等价值观念。他着力创建了ENI，为其初步发展确立了方向与任务。由于他为增强意大利在能源上的自力更生能力做出了巨大的贡献，因此他声望极高，也使ENI与外国和私人的大石油公司结下了不共戴天之仇。

马推原先是党派领袖，有经营私人工业企业的经历，战后初期被上议院任命为AGIP公司总经理。当时战争无情地将AGIP的炼油厂和输油管线摧残得千疮百孔，其油轮队伍几乎全军覆没。意大利政府不得不将AGIP即将破产的勘探与开采子公司全部清盘。

当时马推对外国公司大举收购AGIP廉价出让的勘探企业感到震惊，敏锐地感到里面大有文章，另外听说战时在波尔山谷发现了储量丰富的甲烷气，所以他托故推延了清盘和拍卖，背着上司继续在波尔山谷寻觅宝藏。后来勘探队在卡维尔加发现了重要的天然气田。AGIP总算躲过了被零趸批卖的惨剧。不久AGIP控制了国有输油管线公司，开始建造向各企业和北方工业基地输送甲烷的管线网络。由于国家没有关于勘探权与开采权挂钩办法的法规，众所瞩目的波尔山谷甲烷田与一些大油田的开采权在国会引起了一场长达三年之久的大辩论，AGIP自然无法游离于辩论之外。

国会后来通过的方案是设立国家碳氢资源总公司ENI，让它通过直接的收购或是借助政府投资的方式接管原先国家控制的所有碳氢能源公司。该实体还垄断波尔山谷的勘探开采权，而私人公司可在意大利境内其他地方竞争。在马推的推动下，政府最终同意将ENI的独家勘探权扩大到全国范围。

新公司资金总额达150亿英镑，其分公司还拥有名义上的150亿英镑的财产。它可进行股票贸易，可通过相关公司开展业务，可投资其他公司或合资办企业。马推升任ENI总裁，波尔德里尼成为他的副手。

ENI创建之初，意大利领土上唯一可获得的较大能源资源是天然气，所以ENI注重天然气的生产和输送，AGIP和一家甲烷公司合并后负责该方面的业务。ENI重建了SNAM管线公司，让它管理波尔山谷的天然气网络，并适时地扩展为省级、省与省之间的巨大管线系统，后来又增添了国际炼油厂、输送管线、化工厂的建造业务。在石油加工、石油化工方面，ANIC是领头企业。买入佛罗伦萨的皮格诺恩工业设备公司后，ENI进入机械制造业，生产抽油泵、发动机压缩器、阀门和其他炼油厂设备，后来也建造海上钻井平台。至此，庞大的ENI石油帝国在亚平宁半岛上崛起了。

ENI迅速扩张的天然气开采与传输业务产生了效益，它的国际化进程有了资金保障。与原油出产国谈判时，马推引进了一种新的投资合作办法：不仅付给产油国一定标准的油田使用费及承担后续开采工程的所有费用，还将向产油国提供共同开发该国天然资源的机会。

原先ENI像其他外国石油公司一样，在勘探开采活动中独自承担巨大的风险。而现在，如果勘探中确实找到了可产生经济效益的资源，那么东道国可挣得所有利润的50%；若愿意，东道国还可与ENI一起进行进一步的开发，等于从ENI所得的50%的利润中再取得将近一半的利益。这样一来，东道国所得与ENI公司所得利润之比是75%∶25%。因而，马推提出的合作方案被称为“75∶25计划”。东道国必将从此计划中获得更多的实惠，而ENI通过建立与东道国亲密的合作关系，大大降低了经济风险。

ENI与埃及首次进行此类合作成功后，又与伊朗、摩洛哥、利比亚、苏丹、突尼斯、尼日利亚等国合作开发资源。马推通过这些合作有效地在国外确立了意大利国家石油企业的地位，突破了国际石油工业的固定格局。

马推还将“75∶25计划”从勘探领域推广到AGIP在发展中国家建炼油厂和输送制成品的实践中。ENI在摩洛哥、加纳和突尼斯建立了合资的炼油厂，还在刚果、南亚、拉丁美洲承包炼油厂建造工程，均取得了经济、政治上的巨大成功。

ENI对意大利迅速从战争创伤中复苏的贡献很大，它是SISI工业财团的一个重要成员。此财团其他成员有菲亚特汽车公司、皮革利橡胶产品集团、意大利混凝土道路建筑集团。这个财团事实上在逐渐都市化的意大利创造了汽车文明。价格合理的汽车、新的高速公路网络、AGIP的汽油合在一起促成了意大利经济“奇迹”的出现。

AGIP 在非洲大部分地区、希腊、澳大利亚、瑞士、联邦德国和阿根廷建立了汽油、润滑油配送的分公司。通过一系列合并、改组，新的 SAIPEM 工业集团使 ENI 的天然气、石油运输能力呈加速度增长态势，SAIPEM 还是欧洲海上钻探的先锋。马推通过建造欧洲中央管线工程，从热那亚北上至巴维亚，输油管一直延伸到瑞士和联邦德国 ENI 斯图加特炼油厂。这使得马推与 ESSO、海湾公司等主要对手在进行输油站竞争时有了王牌。在拉弗那发现大量天然气后，ENI 在石化领域有了重大进展，建了三个大型石化厂，生产合成橡胶、肥料、醋酸，并与美国菲利浦炭黑厂合作生产炭黑。

1956 年，意大利国会设立国有工业管理部，它要求所有国有公司投资项目的 40% 必须是在南方落后地区。ENI 着手在西西里海岸建设大型炼油厂和油轮码头。ANIC 戈拉公司这座地区性石化分厂，也在此时应运而生。马推还促使 ENI 建造了 AGIP 核能工厂，开始生产大型核子加速器的元器件。但是马推创造一家完整的（包括发电和碳氢燃料生产）能源集团的宏愿落空了。政府决定组建单独行动的 ENEL 核能开发公司，将 ENI 的核项目全部拉过去，包括铀矿勘探和核燃料生产。

为了保证大项目的资金，ENI 创建了 SOFID 金融公司，处理集团全部的财政和投资。ENI 还创办了碳氢资源和石油化工研究中心，以及米兰碳氢资源研究生院；办了一份在米兰地区发行的日报。20 世纪 60 年代，ENI 与美国利贝—欧文斯公司合建了一家平板玻璃厂，又收购了足以控制苯恩 · 罗西公司的股份，这是意大利最大的毛纺公司，它确立了 ENI 在合成纺织领域的地位。

就在 ENI 创造出辉煌业绩、庆祝其 10 周年华诞之时，它杰出的创始人马推在乘专机从西里里前往米兰总部时机毁人亡。马推在世时兼任 ENI 大多数部门骨干企业的总经理，这些企业包括 AGIP 核能、SNAM、SAIPEM、ANIC、STANIC、SOFID，以及在埃及的第一家分公司等。所以马推是 ENI 的灵魂。他的死亡/去世对 ENI 的打击之大是很难衡量的，然而却加速了经营权下放的进程，公司的领导结构有了大变革。中层管理人员的自主能力大大增强了。ENI 发展迅猛，号称有 9550 亿英镑资产，成为国际碳氢资源领域的领袖之一。接下来的时期内，马推生前促成的几件事开始出现成效：首先，ENI 成为苏联最大的原油市场主顾，ENI 通过引进苏联原油得以供应欧洲最廉价的汽油，极大地刺激了 ENI 本身的原油加工能力；同时 ENI 与苏联签署贸易协定，向苏联出口 ENI 在意南部落后地区加工的各种产品，使 ENI 在南部的投入见到效益。其次，ENI与美国ESSO公司签订互惠协议，ESSO为AGIP炼油厂提供原油，并从ENI皮格诺制造厂购买机械设备，双方的合作结出了丰硕的果实。另外，ENI的拉地那核能厂和为核子加速器提供原料的铀矿加工厂与“欧洲中央管线网络”在意大利北部顺利接轨；ENI还了一家纺织厂。ENI的这些可喜进展都是借了前任总裁马推的东风。

20世纪60年代是ENI的发展期，地区武装冲突和亚洲、中东产油国的国家主义浪潮越来越激烈、频繁，使AGIP的业务停顿或者重新与产油国签订开采合同。中东“六日战争”期间，AGIP与埃及合作中断，尼日利亚比夫拉地区独立后，AGIP的炼油厂无疾而终。国内形势也对ENI不利：两大私营化学公司蒙特卡蒂尼和艾迪逊公司联手组成单一的大公司——蒙特迪逊，逐渐与ENI针锋相对。

OPEC（即石油输出国组织）的崛起和石油政策的出台，标志着产油国将在世界经济中起重大作用。稍后原油价格疯涨，利比亚、索马里的外国石油企业被收归国有，伊拉克、沙特起而效仿。意大利经济状况本已衰颓，现在更是雪上加霜。ENI本来已深为原油涨价所苦，此时政府要求它买入经营差的工业企业，希望它能挽救这些企业，结果增加了ENI的负担，效果适得其反。

进入20世纪90年代后，ENI财政状况有了好转，大部分领域的销售额增加了。由于油价的增长，能源企业收入增加。通过ENI在化学提炼、医药制造方面的实力，ENI从单纯的石油公司转化为全球能源企业，其材料、工程、金融方面惊人的强大实力几乎能解决世界上任何地方的能源和环境问题。

按照最初构思ENI的大师们的宏伟意图，ENI已经成为充分综合化、伸缩性很强的组织。它巨大的能量不止一次地使它克服了国内国际形势变幻带来的困难。尽管总体上说能源业的沉浮殊难定论，ENI还是会继续保持其坚强的地位，继续在国际碳氢资源开发、化工工业的演进中扮演极有分量的角色。

一、传统决策模式

传统的决策模式可分为5个主要阶段：

① 认识阶段，发现问题或危机的存在。

② 辨认阶段，决策者从各项预兆中，判定问题或危机产生的原因，据此建立问题或危机模式。

③ 解决阶段，拟订各项决策方案，并就影响决策方案的各因素，如目标、决策环境、同阶层管理人员的价值观念等设立评断标准，然后将各方案与标准比较，选定最佳方案。

④ 实施阶段。

⑤ 绩效控制阶段。

二、组织决策模式

组织决策模式可分为经济人决策模式与行政人员决策模式两种，分述如下：

（一）经济人决策模式

经济人决策模式的程序基于下列假设：组织目标已知且意见一致；决策人员已知晓问题或危机的存在；在解决问题或争取有利时机之际，决策人员了解所有的可能方案，同时以恰当的评断标准判定各方案的结果；决策人员已目标或危机的实质；恰当的评断标准是指能产生最佳答案的标准，也即当其用来评估各方案时，足以令厂商选定最佳方案；决策人员对所有状况因素完全了解；决策人员以合理的科学的方法，评估各决策方案。

当然，决策必然受到诸如决策者人格、决策环境等的限制。

（二）行政人员决策模式

行政人员决策模式包括一系列假设及作业方法：目标常模糊不清，具有冲突性而且不一致；忽略问题或危机的存在；由于疏于辨认，当观察目标或审度时机时，常误解问题或贻误时机；决策以模式为基础，故如果专注重大事项，则对主要的资料、变数与因果关系，必定鲜少遗漏；在“解决阶段”由于问题或危机已成为模式，收集的资料仅是提纲挈领，注重少数变动较大的因素，故决策者对状况的了解因而被限制；很少有决策者采用最佳诊断标准，大多数是采用满足评断标准，故决策方案仅能满足少数目标；决策者习惯以经验法则作为决策方案，甚至根本不用“满足评断标准”评断决策方案。

三、更精确的组织决策模式

Paul C. Nutt 曾提出 6 种主要的组织决策模式。假定这些模式的唯一可能最合于组织阶层、组织单位的依存方式，主要任务的特征，以及工作人员与组织环境之间的绩效评估等各种不同状况的最佳模式。

1. 官僚模式

官僚模式是基于古典管理学家的“均势”理论，其假定决策人员必须具备“权”与“能”。

2. 规范式决策理论

规范式决策理论运用贝氏定理、拉普拉斯定理与极小极大原理等作业研究技术解决问题。

3. 行为决策理论

行为决策理论以自我满足的决策为其特征，反对采用最佳决策。

4. 集体决策

集体决策决策过程包含群体动力，已有许多人从事此种决策形态的研究，仅适用于高阶层管理层次以下的小集团。

5. 折中模式

折中模式的主要特征在于综合决策过程中决策者的意见。

6. 开放系统模式

开放系统模式的特征是把细分战略性决策作为一系列的步骤，即通称为“逐步渐进决策”。

若因依赖性的存在而需相互协议，则运用第五种模式较为合适。

明茨伯格（Mintzberg）等人的决策模式与上述相符，并组合了一个繁而不乱的战略性决策程序。它与“传统决策模式”的基本决策程序并无差别，只是增添了若干决策程序，同时又指出决策人员如无权批准某一特别的战略性决策，显然这是逐步决策程序的证明，最后提出，决策程序中断有 3 种主要方式：内部中断、新选择中断、外部中断。当急需战略性决策时，由于认识不清与意见不一致而造成中断的，叫作内部中断；在最终评估与选择时，另有新方案被认为可行时产生中断的，叫作新选择中断；选定决策方案不立即付诸实施，仍继续做评估及挑选，造成决策中断的，称为外部中断。

四、战略决策模式

1. 认识阶段

问题或危机的发生，启发了战略性决策程序的进行。将参涉目标、过去绩效及其他认知判断标准与问题相互印证，即为认识阶段。

2. 辨认阶段

辨认阶段与认识阶段大体相同，因为决策者当时仅研究而并不拟订具体决策方案。不过在辨认阶段，决策者必须就问题或危机设定模式。

3. 解决阶段

解决阶段的主要工作为寻找现成的方案及针对情况设计较明确的新方案。方案提出后则需加以评估选择，这种工作常由最高管理者或企划部担任，他们可就情况决定采用或不用情报资料从事理性的选择。

4. 实施阶段

至于实施阶段，决策者如果没有批准权力，则必须通过组织层次，争取决策方案的批准。

总之，战略性决策虽然极其复杂，但是遵循一种明确的从事决策的原则。这一程序可能与传统的观念不合，同时又牵涉更多的心理与社会变数关系。改进方法主要在于明确地界定目标，以消除“综合”所引起的各项问题。

本章小结

每个管理者都必须执行“理智”决策过程。若依照这种过程，个人的感情成分就会被压至最低程度，决策就会较有成效。本章重点介绍了多阶段决策、组织决策和战略决策的程序和模式，从决策的选择、决策的制定、决策的组织实施等方面进行了分析。在分析多阶段决策时采用了阶段分块的数学模式，对每个阶段都制定了决策方法；在分析组织决策时，从官僚模式、规范式决策理论、行为决策理论、集体决策、折中决策、开放系统模式六个方面进行了阐述；在分析战略性决策时主要围绕认识、辨认、解决、实施四个阶段进行了讨论。

案例分析

案例一

科尔—麦克基公司：战略上的失误是致命的

靠别人施舍的2万美元起家后，美国科尔—麦克基公司一度光彩照人，不仅在老本行石油工业界出人头地，还订下了雄心勃勃的“全能能源公司”

规划，涉足煤炭、木材及当时崭露头角的核能工业。

但是，就如一个人的精力是有限的，企业的实力也是有一定限度的。如果非要超越这个限度去追求“大而全”的目标，企业必然会陷于泥潭。

一、　白手起家

1929 年，大萧条悄悄地逼近美国。但是，俄克拉荷马城却对此漠不关心，因为这个地方有油田，而且是储量巨大的油田，这个城市正在欣欣向荣地发展起来。

詹姆斯·安德森和罗伯特·科尔的钻探公司就是在这个时期在这样一个城市诞生的。它最初的基础是两台蒸汽钻塔和三只炼油炉，是数百家小型石油公司中的其中一个，在这个繁忙的城市里疲于奔命，到处揽活。安德森负责钻探的设备，科尔在某家旅馆租了一间房，挖空心思寻觅钻探合同，仅在周末才与家人见面。科尔还是无名小辈的时候，曾去见菲利浦石油公司的总裁，大名鼎鼎的弗兰克·菲利浦，想承揽菲利浦石油公司的一份钻井工程，经过软磨硬泡，科尔终于让菲利浦点头同意。但科尔要走时，却回过身来说：“顺便提一句，菲利浦先生，有一个细节我几乎给忘了。”“是什么?”“我需要 2 万美元才能开挖油井。”菲利浦大感惊讶，咒骂了一通：“你一直在争取这项合同，但是连施工的老本都得来借!”科尔只好一个劲地哼哼哈哈，最后菲利浦把秘书叫进来说：“给这个家伙 2 万美元，好让他借鸡生蛋。”科尔就是凭借这种出奇大胆的作风，以及对自己、对公司无限的信任，使自己的公司在宏观经济极不景气、竞争白热化的时期里得以生存下来并有所发展，而无数比它资金实力雄厚的公司却被淘汰。

二、　惨淡经营

挺过大萧条，公司在俄克拉荷马城设了总共只有 11 名员工的办事处，并首次以每股 5 美元的价格公开发行股票 12 万股。当公司有了明显进步，考虑再次公开发售股票时，安德森觉得公司已经发展到了他无力经营的地步，于是卖掉了他所持有的股份，退出了公司。

1937 年美国又一次出现经济衰退，油价下跌，公司没有经济实力继续搞勘探。公司董事们意识到需要有能力过人的管理人员方能将勘探和开采业务抓起来，提高效益。他们愿意出高薪聘请菲利浦公司的人才来经营公司。罗伯特·莱恩成为这个几年内多次改组、易名的公司的执行副总裁。当时公司已改称“柯林公司”，莱恩在柯林公司担任重要角色达 5 年之久。从菲利浦公司来的另一人是迪安·麦克基，他一到任就把公司领上了一条新路。

麦克基是菲利浦公司的主任地质学家。在他的领导下，公司第一次有了重大发现，即发现了阿肯色州的麦格诺里亚油田，投产后的利润提供了继续扩大再生产的急需资金。

二战期间，美国对油料需求剧增。但是，柯林公司此时正陷于债务、税务、政府限制、资金匮乏、人力短缺及产品持续跌价的泥潭而无法自拔。科尔和员工们使出浑身解数，承揽工程、变卖产业、筹集资金，尽力保持公司运转。众多工程开工一半由于没钱而停工，等后续资金筹措来以后继续动工。筹措来的资金都少得可怜，1000～3000 美元不等。菲利浦公司后来出资，揽下柯林公司的部分股份，这才缓解了柯林公司的燃眉之急。不久，公司在俄克拉荷马城西北面发现了油田，引发了“西埃德蒙顿热潮”，美国矿产局将其称为该年度最了不起的原油发现。

三、 多元化之路

科尔于 1945 年离开公司总裁的位置，圆了自己多年的从政梦。那年，他当选俄克拉荷马州州长。科尔从政后，罗伯特·莱恩也离开了公司。作风稳健、经营石油产业功夫老到的麦克基，成了公司的灵魂人物。1946 年，公司改称“科尔—麦克基石油工业公司”，麦克基升任公司总裁。

第二次世界大战以后，美国对能源的需求惊人地增加，一年消耗的油料相当于战前全世界的年消耗量。公司顺应了这种趋势，在开发能源方面创下了很多个“第一”，其中它在路易斯安那州海域离岸18 公里处建了世界第一座海上商业性油井，标志着全美海上钻探业的兴起。

随着冷战的升级，政府对生产原子弹的原料——铀矿的需求大增。科尔—麦克基公司买下了亚利桑那州纳瓦胡采矿厂，该采矿厂成为最早投身采铀业的石油公司。此外，它还进军林业、化工业。

在向“全能能源公司”目标迈进之时，科尔—麦克基公司始终重视其基本产业——石油业务的发展。它先后收购了深岩石油有限公司、卡托石油及润滑液公司和三角形炼油厂等一系列拥有相当实力的产销企业。为了处理国内及海外钻探业务，麦卡基还组建了环球钻探有限公司。

不过，公司能在竞争异常激烈的能源工业界中屹立不倒，很大程度上靠的是石油产品的革新。1959 年公司研制的旋转式钻头钻出了全国最深的垂直式油井；第二年它又建成了世界最大的海底钻探系统；第三年在俄克拉荷马城建造了新的科研中心，使更高水准的技术突破从那里起步。它与美国钾碱及化工公司的合并标志着公司在化工领域站稳了脚跟，科尔—麦克基公司一跃成为美国化工产品的主要生产厂家。

作为核燃料的主要生产厂家，科尔—麦克基公司从事核能生产 8 大步骤中的 6 道工序，包括勘探、采矿、粉碎、将铀氧化物转化为六氟化铀、六氟化物重新固结成团、化合出燃料分子等。

不久，石油工业出现重大变故，石油输出国组织将原油价格调高许多倍，美国公众被迫接受汽油、能源价格暴涨的现实。这为能源公司带来很好的机遇。尽管石油产品利润增高，政府又鼓励勘探开采原油，科尔—麦克基公司却不断滑向了其他领域，不再是海上勘探石油的旗手。此时迪安·麦克基策动公司进行了结构改革，力图增强公司在更趋复杂多变的世界市场上的竞争实力。公司还组建了两家分公司：科尔—麦克基煤炭公司和核能公司。

四、　安全和环保之痛

科尔—麦克基公司于20世纪五六十年代在核能、化工等领域着实风光了一番，却忽略了环境保护与员工的人身安全，这一矛盾到70年代突然尖锐起来，把公司折腾得灰头土脸。

70年代时，环境保护主义者的队伍迅速扩大。国家的某些环保规定花费了公司的不少时间与金钱，公司被指责为不注意劳动保护及环境保护。1974年，家喻户晓的“卡伦·锡尔克伍德案”更暴露出公司在进行核能生产时的疏忽草率，公司的信誉受到严重损害。

当时28岁的锡尔克伍德受到核放射污染的侵害，而公司对造成侵害的一系列事故不做任何解释。锡尔克伍德在去见原子能委员会负责人和《纽约时报》记者的途中被车撞死。她的惨死引起了公众的怀疑，认为是科尔—麦克基公司的人耍花招。联邦政府调查了此事，但是没有公开结果。公司的劳保与安全状况也受到调查，国家公共广播电台的报告称，在锡马龙厂有20～21公斤的放射性元素钚没有经过防护就暴露在工人们面前。公司不得不关闭了锡马龙厂。但是工人联合会还指控公司往锡马龙河排放污染物，还更改过产品检验记录，对工人身体的危害远不止已经揭露的那些问题；锡尔克伍德的家人也再次控告锡马龙厂的钚污染问题。

不久，核能管理委员会查出了公司另一个核燃料加工厂——俄克拉荷马的高尔工厂，有15处劳保与安全方面的漏洞。最让公司头疼的是，它的一座六氟化铀发生器因过载运转而爆炸，散发出辐射性剧毒氟化酸雾，使一人死亡，110人被送进医院治疗。公众被激怒了，大声疾呼严惩事故责任者。一系列取证调查之后，核管理委员会指责科尔—麦克基公司在接受调查时谎报情况。

《商业周刊》曾经报道，科尔—麦克基公司的铀矿开采、粉碎、加工所产生的效益只占公司总产值的2%，而事故频繁的五年里造成的损失竟达7200万美元，而且市场对铀矿需求也已大幅减少。但是，在这种情形下，公司的决策人仍天真地认为需求量终将恢复，其铀矿资源将会在90年代为公司赢得巨额利润。

除了核污染问题外，公司关键性的部门，即石油勘探、开采企业也不景气。当时不少大公司竞相提高科学家的薪水以吸引人才，而科尔—麦克基公司付给科技人员的薪水缺乏吸引力，导致人才外流。一家市场研究机构估计，五年间该公司石油储备跌落21%，天然气减少10%。摩根·斯坦利公司估计，科尔—麦克基公司每产一桶石油成本达13美元，而它的竞争者只需花7.35美元。石油企业是公司的牛奶和面包，公司危在旦夕。

五、成也萧何，败也萧何

多元化之路成就了科尔—麦克其公司，但许多分析家认为科尔—麦克基公司的根本问题是过度地多样化，企图成为“全能能源公司”的目标也过于辉煌，使本来精明过人的公司决策者头晕目眩，把公司塑造成一个四不像，成为零零散散的能源企业的联合体，其经营范围包括铀、钚的开采、粉碎和加工；化工；煤炭；石油钻探、提炼；汽油零售；木材生产。

公司1981年收入尚有2.11亿，两年后跌至1.18亿。在这个关头，弗兰克·麦克法森换下了迪安·麦克基，出任科尔—麦克基公司董事长。

麦克法森采取了一系列变革措施，包括裁撤某些能源企业，集中公司的财力和人力，搞重点突破。他先是卖掉了钾碱矿，又卖掉铀加工厂，使公司着力于振兴油气勘探企业，在化工和煤炭上也进行了一些投资。

麦克法森任期内公司仍未摆脱环境问题的困扰，它被指控在全国七个地方造成了间接的污染。这些指控的调查旷日持久，让公司“出了不少血”。公司最终吸取了深刻地教训，增强了环保的责任心，开始注重未来发展中的环保规划问题。

根据上述案例，请回答以下问题：

（1）您认为做决策的先决条件是（　　）。

A. 了解职权范围和限制，不能越权

B. 决定的问题

C. 何时决定

D. 如何做决定

（2）从此案例可以看出，科尔—麦克公司的决策失误属于（　　）。

A. 战略决策失误

B. 管理决策失误

C. 业务决策失误

D. 生产决策失误

案例二

美国威斯汀豪斯电气公司：推行合营策略

美国的威斯汀豪斯电气公司在电力设备家用电器及军用电子设备制造方面誉满全球。经营丑闻和经济动荡使它踏上了一条产业多样化的道路，但它很快从困境中崛起，再度领先。

乔治·威斯汀豪斯没有受过什么正式教育，但他自幼聪颖过人，对新技术、新产品有一股狂热的爱好。在 22 岁时，他发明了空气制动器，使新兴汽车有了轻便省力的制动措施。1886 年，他在匹兹堡成立威斯汀豪斯电气公司，想在新兴的电气工业上一显身手。

威斯汀豪斯把突破口选择在交流电的应用上。当时美国人所使用的电力都是直流电，大发明家托马斯·爱迪生和他的爱迪生通用电气公司垄断了直流电业务，因此发起了一场抵制运动，向公众宣布交流电是不安全的。

爱迪生的名气并没有吓倒威斯汀豪斯。1891 年，他在科罗拉多州建立了全美第一座交流电发电站。1893 年威斯汀豪斯电气公司赢得了两项重大胜利：一是为芝加哥世界博览会提供电力服务；二是在竞标尼亚加拉瀑布城水电站工程中，击败包括爱迪生通用电气公司在内的众多强手而夺标。其实，第二个胜利是第一个胜利的延续。

从此以后，小小的威斯汀豪斯电气公司一举与大名鼎鼎的爱迪生通用电气公司并驾齐驱，成为美国电气工程界家喻户晓的企业。它们之间进行了激烈的竞争。最后，当年盛气凌人的爱迪生通用电器公司主动下了休战书，双方停止两败俱伤的竞争，在市场分配上达成了默契。威斯汀豪斯电气公司与爱迪生通用电器公司（后来改为通用电气公司）之间既竞争又妥协的关系维持至今。

1914 年威斯汀豪斯逝世后，公司又引进了无线电通信新业务。这一次，威斯汀豪斯公司与通用电气公司又在收音机制造上达成协议，共同瓜分收音机市场。

但是，威斯汀豪斯电气公司在毫不违反协议条款的前提下，不动声色地把大片属于通用电气公司的市场抢到手。原来，经过周密的市场调查，威斯汀豪斯电气公司发现收音机听众中有相当一部分人喜欢在深夜收听广播，而偏偏这时几乎已没有电台在播音了。于是，公司在匹兹堡的厂房顶上建起了 KDKA 广播电台。该电台采用了特殊发射信号，使普通收音机无法收听，通宵播放节目。为配合这座广播电台，公司专门推出一种既能够接收 KDKA 电台节目又能收听其他电台节目的新式收音机。不出意料，这种收音机销路极畅，成为听众的首选收音机。不久，威斯汀豪斯公司又陆续在全国开设了多家 KDKA 电台发射站，增加节目的覆盖范围，占领了更多的收音机市场，令通用电气公司哑巴吃黄连，有苦难言。

在 20 世纪 20 年代，威斯汀豪斯公司开始涉足刚刚兴起的家用电器的制造业务，生产了电热炉等一系列小家电用品，并在 20 年代末推出了电冰箱、洗衣机等大型电器。但大萧条阻碍了威斯汀豪斯电气公司的进一步发展，这种情况直到 1941 年美国政府介入第二次世界大战后才得到改观。其实，威斯汀豪斯电气公司在战争前就瞄准了军用电子产品这个潜在的大市场，成为美国最早开发军用雷达的公司。只是由于美国尚未参战，所以军方订货量有限，公司只能小批量生产军用电子设备。

美国参战后，为应付订单金额空前巨大的军方业务，公司专门聘请了以善于理财而著称的银行家格威利姆·普赖斯来主持与军方的业务谈判。1946 年,为威斯汀豪斯电气公司在战争中扩大业务而立下汗马功劳的普赖斯出任公司首席执行人。

威斯汀豪斯电气公司在战后的发展可谓喜忧参半。

多年来一直致力于电力工程，使威斯汀豪斯电气公司迅速掌握了刚刚露出头角的核能技术。公司是世界上第一家尝试核电的企业，从那时至今一直是世界核电领域的领先者。美国海军选用了威斯汀豪斯电气公司的核反应堆作为其核潜艇的发动机。公司另一项来自军方的大宗合同是在朝鲜战争期间签订的，公司生产的被《幸福》杂志称为“惊天动地的大成功”的喷气式发动机，成为美国空军指定的飞机发动机换代产品。

可是从 20 世纪 50 年代中期以后，威斯汀豪斯电气公司在军用品方面的创新速度慢了下来，与军方的合同金额增长缓慢。1957 年，它接收的军方合同金额在全美军工行业中只排在第 25 位，而它的老对手通用电气公司则排在第 3 位。

威斯汀豪斯电气公司、通用电气公司及其他 27 家规模略小的重型电力设备制造公司还卷入一场投标作弊案的丑闻之中。1955 年，这 29 家公司为了在未来的市场竞争中瓜分利润，决定在以后各项工程招标中同进同退。在中标后，29 家公司按各自的资产实力，都可以参加一定范围的工程建设。

1957 年，美国司法部根据反垄断法案的精神，对这 29 家操纵市场的公司进行了为期两年的调查。最后，法院裁定这 29 家公司的 45 位管理人员有违法行为。威斯汀豪斯电气公司的首席执行人马克·克雷萨普被迫引咎辞职。

由于威斯汀豪斯电气公司是这场丑闻的主要策划者和积极参与者，因此公司的名誉一落千丈，业务量也大幅度猛跌。克雷萨普在 1963 年辞职后，公司的销售停滞、价格蚀本、利润下滑，无人管理。最后，公司董事会将唐纳德·伯纳姆推上了总裁宝座。

伯纳姆在公司业务上从不自己包办，他把更多的权力分配到下面各独立业务部门的经理手中。这种分权制是伯纳姆振兴威斯汀豪斯电气公司的重要一招。他认为公司之所以会发生瓜分市场的丑闻，其根本原因是由于公司缺乏活力、惧怕市场竞争所致。他把权力下放给各部门，就是要把各部门从完全依靠总部决策管理的麻木状态中唤醒，激发起各部门经理的责任感和创业心。同时，分权制使各部门成为独立经济核算单位，经营好坏与利益得失直接挂钩。另外，这种权力分配体制形成公司内部的竞争，使整个公司充满求创新、求突破的勃勃生机。

在伯纳姆的指挥下，威斯汀豪斯公司一方面在竞争激烈的电力工程设备市场上以新的姿态积极进取；另一方面又向一些竞争较平缓而市场潜力颇大的新市场进军。公司先后投资于软饮料包装瓶装业、汽车租赁业、汽车旅馆业、冷藏保温运输业、土地开发业和邮购零售业。对公司影响最大的新产业当属城市系统发展公司了。这家子公司于 1968 年创立，主要为低收入家庭建造预制板住宅，改善低收入者的生活条件。这有利于改善公司社会形象，特别是对于刚刚发生过丑闻的威斯汀豪斯电气公司来说，显得至关紧要。

平和谦逊的伯纳姆以铁的手腕把威斯汀豪斯电气公司从泥潭中拉了上来。在 1964 年，公司的产值为 21 亿美元，利润只有 3700 万美元。而到 1970 年，公司的产值突破 50 亿美元，利润上升到近 2 亿美元。

1974 年在伯纳姆退休后，威斯汀豪斯电气公司又遇到了新麻烦。

20 世纪 70 年代初期美国的通货膨胀，使得家用电器市场萎靡不振，再加上日本廉价家电产品的有力竞争，威斯汀豪斯电气公司的家电部门开始呈现亏损状态。最后，公司不得不出售了家电制造业务。

最令威斯汀豪斯电气公司难以承受的打击来自原材料价格的飞涨。几年前签订的几项大型重型电力设备制造合同，在今天的原料价格水平上，完全成了亏本生意，仅在核电产品合同上就损失了 9.5 亿美元。

进入 80 年代后，一系列世界及美国的核电站事故的发生，使人们开始对核电站的安全性产生了严重的不信任感。威斯汀豪斯电气公司的核电业务大幅度下跌。产业结构多样化再次成为公司摆脱困境的法宝。1981 年，威斯汀豪斯电气公司收购了一家大型电缆制造公司；1982 年又买入一家著名的机器人遥控设备生产厂；同年，公司又兼并了有名的娱乐企业 NLT 公司。

里根政府在 20 世纪 80 年代初增加军备开支的决定，给威斯汀豪斯电气公司带来了喜讯。公司先后承揽了 F－16 与 F－4E 战斗机、B－52 与 B－1B

战略轰炸机、空中雷达预警飞机、MK48 水雷、“三叉戟”核潜艇、MX 导弹等大型军方合同。到 1988 年，公司为军方生产的电子系统设备的价值已占到公司总产值的 1/5。1985 年，《华尔街月刊》把威斯汀豪斯电气公司列为全美第 13 大军工企业。

威斯汀豪斯电气公司实行产业多样化的另一条途径就是合营。由于日本、德国等国外产品在美国的市场占有率日益提高，美国产品市场份额节节后退。为了挽回颓势，威斯汀豪斯电气公司提出了“挡不住它就和它一起走”的经营对策，主动与国外厂商合营，在美国开设外国公司的组装厂。公司先后与三菱电气公司合作生产断路开关，与东芝公司合作生产高清晰度彩色显像管，与韩国现代公司联营电梯制造业，与德国西门子公司联合制造自动化设备。

在进入 90 年代前夕，威斯汀豪斯电气公司共进行了 55 项收购兼并与合营行动，扩大了公司的经营范围。公司新任首席执行人称这是“把鸡蛋放在不同的篮子里”。

根据上述案例，请回答以下问题：

（1）伯纳姆任总裁后采用的权力分配体制是（　　）。

A．集权制

B．分权制

C．集权与分权相结合

D．以上均不是

（2）威斯汀豪电气公司为了摆脱业务大幅度下跌的困境采取的战略决策是（　　）。

A．提高产品质量

B．进行公关活动

C．产业结构多样化

D．提供优质服务

思考题

1．决策的选择步骤是什么？如何制定决策？

2．简述多阶段决策程序方法。

3．传统的决策模式分为哪几个阶段？

4．简述组织决策模式和战略决策模式的不同。

第六章　经典案例

案例一　安娜该如何决策

安娜从一所不太著名的大学计算机学院毕业后，10 年来一直在某发展中的大城市里一家中等规模的电脑公司当程序设计员。现在，她的年薪为 50000 美元。她工作的这家公司，每年要增加 4 ~ 6 个部门。这样扩张下去，公司的前景还是很好的。公司也增加了很多新的管理职位，其中有些职位，包括优厚的年终分红在内，公司每年薪资达 90000 美元。有时，公司还会提升程序员为分公司的经理。虽然过去没有让女性担任过这样的管理职位，但安娜小姐相信，凭她的工作资历和这一行业女性的不断增加，在不久的将来她会得到这样的机会。

安娜的父亲雷森先生自己开了一家电脑维修公司，主要是维修计算机硬件，并为一些大的电脑公司做售后服务，同时也销售一些计算机配件。最近由于健康和年龄的原因，雷森先生不得不退休。他雇了一位刚从大学毕业的大学生来临时经营电脑维修公司，店里的其他部门继续由安娜的母亲经营。雷森想让女儿安娜回来经营她最终要继承的电脑维修公司。而且，由于近年来购买电脑的个人不断增加，电脑维修行业的前景是十分看好的。雷森先生在前几年的经营过程中，建立了良好的信誉，不断有大的电脑公司委托其做该城市的售后维修中心。因此，维修公司发展和壮大的可能性是很大的。

安娜和双亲讨论时，得知维修公司现在一年的营业额大约为 400000 美元，而毛利润差不多是 170000 美元。由于雷森先生的退休，他和他的太太要提支工资 80000 美元，加上每年 60000 美元的经营费用，交税前的净利润为每年 30000 美元。自雷森先生退休以来，从维修公司得到的利润基本上和从前相同。目前，他付给他新雇用的大学毕业生的薪金为每年 36000 美元，雷森夫人得到的薪金为每年 35000 美元，雷森先生自己不再从维修公司支取薪金了。

如果安娜决定担任维修公司的管理工作，雷森先生打算也按他退休前的工资数付给她50000美元的年薪。他还打算，开始时，把维修公司经营所得利润的25%作为安娜的分红；两年后增加到50%。因为雷森夫人将不再在该公司任职，就必须再雇一个非全日制的办事员帮助安娜经营维修公司，他估计这笔费用大约需要16000美元。

雷森先生已知有人试图出600000美元购买他的维修公司。这笔款项的大部分，安娜在不久的将来是要继承的。对雷森夫妇来说，他们的经济状况并不需要过多地去用这笔资产来养老送终。

思考题

1. 对安娜来说，有哪些行动方案可供选择？
2. 你建议她采取哪种备选方案？为什么？
3. 你认为安娜的个人价值观对她做出决策会有何影响？

案例二　佩吉该如何拿定主意

过去11年，佩吉在某发展中的大城市一家大的医药公司当信息系统部主任。现在，她每年的薪金为14000美元。该医药公司的信息主管将在三年内退休，公司一年要付给信息主管薪金27000美元。佩吉很有希望担任信息主管。虽然，过去没有让女性担任过这样的管理职位，但佩吉小姐相信，在不久的将来她会得到这样的机会。

佩吉的父亲格利森自己开药店，由于健康原因最近不得不退休。格利森先生便雇了一位刚毕业的药剂师临时经营药店，店里的其他部门继续由佩吉的母亲经营。佩吉的父亲想让女儿回来继承他的药店。而且，由于附近大湖滨游乐场所的建成，该店所在小镇的人口也在增长。因此，药店发展和扩大的可能性比前些年大多了。

佩吉和双亲讨论时，得知药店现在一年的销售额大约为100000美元，而销售毛利差不多是39000美元。由于格利森先生的退休，他和他的太太要提支工资22000美元，加上每年大约为16000美元的经营费用，交税前的净利为每年1000美元。自格利森先生退休以来，从药店得到的利润基本上和以前相同。目前，他付给他雇佣的药剂师的薪金为每年12000美元，格利森夫人得到的薪金为每年 10000 美元，格利森先生自己不再从药店支取薪金了。

如果佩吉决定担任起药店的管理工作，格利森先生打算也按他现在的工资数付给她 14000 美元的年薪。他还打算，开始时，把药店经营所得利润的 25% 作为佩吉的分红；两年后增加到 50%。因为格利森夫人将不再在该店工作，就必须雇一个非全职工作的办事员帮助佩吉经营药店，他估计这笔费用大约需要 4600 美元。格利森先生已知有人试图出 150000 美元购买他的药店，这笔款项的大部分，佩吉在不久的将来是要继承的。对格利森夫妇来说，他们的经济状况并不需要过多地取用这笔资产来养老送终。

思考题

1. 对佩吉来说，有什么行动方案可供选择？
2. 你建议佩吉采取的方案是哪一个，说明理由？
3. 佩吉的个人价值观对她做出的决策会有何关联？
4. 若佩吉是男子，你的建议是什么？

案例三　格里亨德运输公司管理

人人都认为格里亨德运输公司遇到了麻烦。这家公司的利润少得可怜，需求却非常旺盛，而且公司没有钱安排空车或买新车雇佣司机满足这些需求。为了削减经营成本，提高顾客服务质量，公司的高层领导制订了一个重组计划。根据该项计划，公司要大幅度裁员，减少服务线路和服务内容，而且从顾客订票到车次安排全都实行计算机管理。

但是，中层管理人员反对这项计划。很多中层经理认为，大幅度裁员将使本来很差的顾客服务变得更加糟糕。负责计算机项目的经理敦促引进新的计算机系统，以解决高度复杂的软件中所存在的一些小问题。

人力资源部门指出，总站员工的受教育程度太低，连高中毕业的都为数不多。因此，为使他们能够有效地使用这个系统，必须对他们进行大规模的培训。格里亨德运输公司的乘客中许多是低收入者，他们没有信用卡或电话，这样他们就无法接受公司计算机订票系统的服务。

面对这些分歧，公司高层还是运用了新的系统。他们强调说，研究得到的数据表明，新系统将改善顾客服务质量，使顾客买票更加方便，而且顾客还可以为将来的特殊旅行预定位置。

灾难降临了，订票的电话剧增，但由于新的接线系统存在机械问题，很多电话根本打不进来。许多顾客还像往常一样，到总站直接买票上车，计算机仿佛陷入泥潭，击一下键需要 45 秒，打印一张车票需要 5 分钟。这个系统经常瘫痪，售票员不得不经常用手写票。顾客排着长队等候买票。人员减少，使得售票人员不得不穷于应付他们并不熟悉的计算机系统，对顾客不礼貌的事情时有发生。乘坐公司车辆的顾客也急剧减少，竞争对手更是趁机抢夺那些对格里亨德公司不满意的顾客。

思考题

1. 格里亨德公司管理者面临的是程序化决策还是非程序化决策？
2. 利用管理决策制定过程的步骤分析格里亨德公司案例。
3. 作为该公司的管理者，你应该怎么做呢？

案例四　蔬菜管理

彼得·莫斯是一名生产和经营蔬菜的企业家。他现在已有 50000 平方米的蔬菜温室大棚和一座毗邻的办公大楼，并且聘请了一批农业专家顾问。

莫斯经营蔬菜业务是从一个偶然事件开始的。有一天，他在一家杂货店看到一种硬花球花椰菜与花椰菜的杂交品种，他突发奇想，决定自己建立温室培育杂交蔬菜。

莫斯用从祖父继承的一部分钱，雇佣了一些专门搞蔬菜杂交品种的农艺专家，这个专家小组负责开发类似于他在杂货店中看到的那些杂交品种蔬菜，并不断向莫斯提出新建议。如建议他开发菠生菜（菠菜与生菜杂交品种），橡子萝卜瓜（橡子南瓜及萝卜的杂交品种），特别有一种柠檬辣椒，是一种略带甜味和柠檬味的辣椒。他们的开发很受顾客欢迎。

同时，莫斯也用水栽法生产传统的蔬菜，销路很好。生意发展得如此之快，以至于他前一个时期，很少有时间考虑公司的长远规划与发展。最近，他觉得需要对一些问题着手进行决策，包括职工的职责范围、生活质量、市场与定价策略、公司的形象等。

莫斯热衷于使他的员工感到自身工作的价值。他希望通过让每个员工“参与管理”来了解公司的现状，调动职工的积极性。他相信：这是维持员工兴趣和激励他们的最好办法。

他决定在本年度 12 月 1 号 9 时召开一次由每位农艺学家参加的会议，其议程包括：

（1）周末，需要有一个农艺师在蔬菜种植现场值班，能够随叫随到，并为他们配备一台步话机，目的是一旦蔬菜突然脱水或者枯萎，可以找到这些专家处理紧急情况，要做的决策是：应该由谁来值班，他的责任是什么？

（2）公司的颜色是绿色的，要做的决策是新地毯、墙纸、工作服等应该采取什么样的绿色色调？

（3）公司有一些独特的产品，还没有竞争对手，而另外一些产品在市场上竞争十分激烈。要做的决策是对不同的蔬菜产品应当如何定价，彼得·莫斯要求大家务必准时到会，积极参与发表意见，并期望得到最有效的决策结果。

思考题

1. 一个决策的有效性应取决于（　　）。

A. 决策的质量高低

B. 是否符合决策的程序

C. 决策的质量与参与决策的人数

D. 以上提法均不全面

2. 按照利克特的行为模式，彼得·莫斯的工作作风与管理方式属于（　　）。

A. 协商式　　B. 群体参与式　　C. 开明—权威式　　D. 民主式

3. 12 月 1 日所召开的会议是必要的吗？（　　）

A. 很必要，体现了民主决策

B. 不必要，会议议题与参与者不相匹配

C. 有必要，但开会的时间选择为时过晚

D. 对一部分议题是必要的，对另一部分议题是不必要的

4. 公司的装潢问题是否需要进行群体决策？（　　）

A. 完全需要，因为绿色是企业的标志

B. 需要，但参加决策的人应当更广泛一些

C. 不需要，此项决策可以由颜色与装潢专家决定或者运用民意测验方法征询意见

D. 需要与不需要只是形式问题，关键在于决策的质量

5. 定价问题是否需要列入彼得莫斯 12 月 1 日的决策议事日程？（　　）

A. 需要，因为它是企业中的重大问题

B. 不需要，因为该项决策的关键是质量问题，而不是让所有的员工参与和接受

C. 在稳定的市场环境下不需要，在变化的市场环境下则需要集思广益、群体决策

D. 定价应当由经济学家来解决

案例五　袁经理的管理决策

袁经理从 20 世纪 90 年代以来，一直担任 A 农机公司的总裁。这是一家生产和销售农业机械的企业，1995 年产品销售额达到 4000 万元，1996 年达到 4200 万元，1999 年 4450 万元，2020 年预计 12500 万元。每当袁先生坐在办公桌旁，翻看这些统计数字和报表时，常常为这些业绩感到自豪。

一天下午，又是办公会议时间，袁先生召集了公司在各地的经销负责人，分析目前和今后的销售形势，在会上，有些经销负责人指出：总的看来，农业机械产品尚有一定的市场潜力，但消费者的需求和趋向已经发生了重要的改变，公司应针对用户的需求，增加和改进新的产品，淘汰一些老化的产品，以满足现在用户和潜在客户的新需求。

身为机械工程师出身的袁先生，对新产品的研制、开发工作应当说是行家能手。因此，他听完了各地经销负责人的意见之后，心里很快就做出了盘算：新产品的开发首先需要增加研究与投资，之后，又要花钱改造公司现有的自动化生产线，这两项工作大约耗时 3 ~ 6 月。增加生产品种的同时意味着必须储备更多的备用零件，并根据需要对工作进行新技术培训，投资还会进一步增加。

袁先生一直认为：从事经销工作的人总是喜欢以自己的业务方便来考虑，不断提出对各种新产品的要求，却不会考虑品种更新，以及开发新产品必须投入的成本情况，这些意见不足以作为决策的依据。袁先生还认为，公司目前的这几种产品，经营的效果还不错。经过认真的盘算，他决定暂不考虑新品种开发的建议。目前的市场策略仍然是确保现有产品品种的地位和稳

步发展。袁先生认为，只要不断提高现有产品的质量并通过改进产品的成本，提供具有吸引力的价格，不怕用户不走上门来，并坚信质量是提高产品制胜的法宝，他相信用户实际上也是这样考虑的。

袁先生虽然按照自己的想法做出了决策，但是仍然表示听一听下级人员和专家顾问的意见对自己是有益的。

思考题

1. 根据案例提供的资料，你认为：A 农机公司现在农业机械产品市场是属于（　　）。

A. 开发期　　B. 成长期

C. 成熟期　　D. 衰退期

2. 袁先生最终决定，不开发新的农机产品进入市场，其主要原因是（　　）。

A. 投资与成本问题　　B. 开发期过长

C. A + B　　D. 经销人员的建议价值不高

3. 从袁先生在处理决策问题的手段和措施看，其领导风格属于（　　）。

A. 专制权威式　　B. 开明权威式

C. 群体参与式　　D. 中间式

4. 从袁先生的最终决策及管理的信条看，他的观念属于（　　）。

A. 生产观念　　B. 产品观念

C. 市场营销观念　　D. 社会营销观念

5. 袁先生的最终决策结果，最有可能是（　　）。

A. 老产品继续保持市场优势，市场占有率和业务增长率进一步扩大

B. 业务增长率扩大，市场占有率下降

C. 业务增长率和市场占有率同时下降

D. 无法确定

6. 你认为该企业的外部环境中有哪些机会与威胁？

7. 如果你是顾问专家，你会对袁先生的决策如何评价？

参考文献

［1］张永强，姚立根．工程伦理学［M］．北京：高等教育出版社，2014．

［2］李世新．工程伦理学概论［M］．北京：中国社会科学出版社，2008．

［3］殷瑞钰．工程与哲学［M］．北京：北京理工大学出版社，2007．

［4］肖平．工程伦理导论［M］．北京：北京大学出版社，2009．

［5］唐丽．美国工程伦理研究［M］．沈阳：东北大学出版社，2007．

［6］李世新．工程伦理中的若干诚实问题［J］．北京理工大学学报（社会科学版），2011，13（5）：132－138．

［7］姜岩．道德的多版本解读［N］．中国教育报，2009－05－25．

［8］陈筠泉，殷登祥．科技革命与当代社会［M］．北京：人民出版社，2001．

［9］查尔斯·E．哈里斯．工程伦理概念和案例［M］．3版．从杭青，沈琪，等译．北京：北京理工大学出版社，2006．

［10］高兆明．伦理学伦理发展30年［N］．光明日报，2009－01－13．